高职高专项目式实践类系列教材

办公自动化综合实训

主　编　钟芙蓉　李　燕

参　编　刘开芬　刘　莉　曹　君

　　　　鲜　红　王　林

主　审　冯　刚

西安电子科技大学出版社

内 容 简 介

本书根据高职教育的特点，立足实践与应用能力技术培养的原则，以当前软件的更新发展和应用为出发点，介绍了办公室工作人员日常工作需要了解和掌握的计算机基本操作技能，力求在实训项目、内容、体系和方法上有所创新。本书融入国家及重庆市计算机等级(二级 Office)考试考点，是为满足办公自动化需要而编写的"一站式"教程。

全书共 4 个实训项目，包含 17 个任务，主要内容包括 Word 文字处理的 5 个任务、Excel 电子表格的 7 个任务、PowerPoint 演示文稿的 3 个任务以及有关常用办公必备知识的 2 个任务。

本书适合各类大专院校尤其是高等职业院校使用，也可作为成人教育、计算机等级考试及各类计算机培训班的培训教材和自学参考书，还可作为各类办公室工作人员的参考手册。

图书在版编目(CIP)数据

办公自动化综合实训 / 钟芙蓉，李燕主编. —西安：西安电子科技大学出版社，2020.5 (2022.1 重印)
ISBN 978-7-5606-5666-3

Ⅰ. ① 办… Ⅱ. ① 钟… ② 李… Ⅲ. ① 办公自动化—应用软件 Ⅳ. ① TP317.1

中国版本图书馆 CIP 数据核字(2020)第 070824 号

策划编辑 万晶晶
责任编辑 祝婷婷 万晶晶
出版发行 西安电子科技大学出版社(西安市太白南路 2 号)
电 话 (029)88242885 88201467 邮 编 710071
网 址 www.xduph.com 电子邮箱 xdupfxb001@163.com
经 销 新华书店
印刷单位 广东虎彩云印刷有限公司
版 次 2020 年 6 月第 1 版 2022 年 1 月第 2 次印刷
开 本 787 毫米×1092 毫米 1/16 印张 14
字 数 329 千字
定 价 36.00 元
ISBN 978-7-5606-5666-3 / TP
XDUP 5968001-2
如有印装问题可调换

序

  "高职高专项目式实践类系列教材"是在贯彻落实《国家职业教育改革实施方案》(简称"职教 20 条")文件精神,推动职业教育大改革、大发展的背景下,结合职业教育"以能力为本位"的指导思想,以服务建设现代化经济体系为目标而组织编写的。在新经济、新业态、新模式、新产业迅猛发展的高要求下,本系列教材以现代学徒制教学为导向,以"1+X"证书结合为抓手,对接企业、行业岗位要求,围绕"素质为先、能力为本"的培养目标构建教材内容体系,实现"以知识体系为中心"到"以能力达标为中心"的转变,开展人才培养的实践教学。

  本系列教材编审委员会于 2019 年 6 月在重庆召开了教材编写工作会议,确定了此系列教材的名称、大纲体例、主编及参编人员(含企业、行业专家)等主要事项,决定由重庆科创职业学院为组织方,聘请高职院校的资深教授和企业、行业专家组成教材编写组及审核组,确定每本教材的主编及主审,有序推进教材的编写及审核工作,确保教材质量。

  本系列教材坚持理论知识够用,技能实战相结合,内容上突出实训教学的特点,采用项目制编写,并注重教学情境设计、教学考核与评价,强化训练目标,具有原创性。经过组织方、编审组、出版方的共同努力,希望本套"高职高专项目式实践类系列教材"能为培养高素质、高技能、高水平的技术应用型人才发挥更大的推动作用。

高职高专项目式实践类系列教材编审委员会

2019 年 10 月

前　言

当今社会各行各业都离不开计算机办公，掌握办公自动化的操作方法自然成为了各行业的必备技能。Microsoft Office 软件可以帮助用户快速创建与编辑标准化文档，对相关数据进行保存、分析和管理，制作出优秀的演示文稿，生成丰富、动态的电子表单等，能够使用户高效地完成各项工作，因而得到了广泛使用。

目前市面上已有很多各具特色的办公自动化教材，本书的特点是根据办公室日常需要，结合学生身边的实例、企业实用案例设计项目。全书以实际工作任务为驱动，一方面从理论上以最简洁的方式将知识阐述清楚，另一方面强化实际操作环节，重在突出技能训练的系统性、实际操作性和实效性，着重介绍各项任务处理的方法以及提高处理效率的技巧。

本书主要由多年担任计算机基础或办公自动化教学工作，具有丰富教学经验的老师和具有丰富实践经验的企业工程师共同编写。本书由钟芙蓉、李燕担任主编，钟芙蓉负责编写实训项目二的任务三、任务四和实训项目四的任务二，并负责全书统稿工作；李燕负责编写实训项目二的任务五、任务六、任务七，并负责全书的初审工作；刘开芬负责编写实训项目一的任务三、任务四、任务五；刘莉负责编写实训项目二的任务一、任务二；曹君负责编写实训项目三；鲜红负责编写实训项目一的任务一、任务二；王林(高级工程师)负责编写实训项目四的任务一。最后由冯刚博士担任主审，负责全书审稿工作。

本书参考学时如下：

实 训 项 目	任 务	学时
实训项目一：Word 文字处理	任务一：期刊排版——一代女皇武则天	2
	任务二：人力资源部英才应聘资料制作	2
	任务三：经费联审结算单制作	2
	任务四：公司员工手册制作	2
	任务五：毕业论文排版制作	2
实训项目二：Excel 电子表格	任务一：人均消费统计表制作	2
	任务二：期末成绩分析表制作	2
	任务三：车库收费情况统计表制作	2
	任务四：教师档案管理	2
	任务五：公司图书销售数据统计分析表制作	2
	任务六：全国人口普查数据统计分析表制作	2
	任务七：员工工资及奖金发放表制作	2
实训项目三：PowerPoint 演示文稿	任务一：魅力重庆电子画册制作	2
	任务二：审计业务档案管理实务培训课件制作	2
	任务三：科技馆"带你走进航空母舰"介绍	2
实训项目四：常用办公必备知识	任务一：行政办公计算机必备知识	2
	任务二：常用工具软件的使用	2
合计		34

本书所有的课程学习素材及作品展示，都可到西安电子科技大学出版社网站下载浏览。

由于编者水平有限，书中难免存在不足与疏漏，敬请广大读者批评指正。

编 者

2020 年 1 月

目　录

实训项目一　Word 文字处理

 项目分析

Word 作为当前最为流行、功能最为强大的文字处理软件，在办公系统中应用范围非常广泛，如信函、论文、请假单、报告和使用手册等都需要用到 Word 进行创建。掌握 Word 的一些使用技巧，对于学生、工作人员等各行各业人员都非常有必要。

本项目需要完成以下任务：

(1) 期刊排版——一代女皇武则天。

(2) 人力资源部英才应聘资料制作。

(3) 经费联审结算单制作。

(4) 公司员工手册制作。

(5) 毕业论文排版制作。

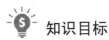 知识目标

(1) 熟悉 Word 基本操作，掌握图文表混排的技巧，修饰文字及自绘图形，学会文档的整体版面设计。

(2) 了解邮件合并的应用范围，掌握邮件合并的基本步骤。

(3) 熟悉大文档排版的基本思路和步骤。

 能力目标

在计算机基础学习的基础上，能更进一步地熟悉 Word 文档处理的基本……编辑红头文件、合并邮件、编辑大文档等高级应用技巧。可以处理日常的……完成排版、表格建立、数据处理等工作，创建具有专业水准的各类 W……

任务一　期刊排版——一代女……

任务简介

某杂志社拟制作一期关于历史人物简介的期……

被安排编辑文档"一代女皇武则天"。主编要求小李恰当地使用图文混排技巧，使文档更生动，更能吸引读者注意力，并将排版后的文档打印出来以便审稿。

本任务的素材样文及排版后的效果图分别如图 1-1-1、图 1-1-2 所示。

图 1-1-1　"Word 素材 1.docx"样文　　图 1-1-2　"一代女皇武则天.docx"排版效果图

任务目标

混排技巧以及页面布局、字符格式和段
文本框等元素的概念并掌握其操作

下沉、分栏。

按 Alt+F+A 键或单击【文件】

→【另存为】，打开【另存为】对话框，以"一代女皇武则天.docx"命名保存到 E 盘个人文件夹中。

(2) 文档编辑过程中一定要注意保存，按 Ctrl+S 键进行保存或单击快速访问工具栏中的保存按钮 ￼。

2. 设置文档页面

(1) 单击【页面布局】→【页面设置】启动器 ￼，弹出如图 1-1-3 所示的【页面设置】对话框，在【纸张】选项卡中设置【纸张大小】为 A4。

图 1-1-3　【页面设置】之【纸张】选项卡

(2) 选择【页边距】选项卡，将【页边距】区域的【上】、【下】、【左】、【右】均设置为 1.27 厘米，【纸张方向】默认为纵向，单击【确定】按钮完成设置，如图 1-1-4 所示。

图 1-1-4　【页面设置】之【页边距】选项卡

3. 设置页面边框

单击【页面布局】→【页面背景】→【页面边框】，弹出如图 1-1-5 所示的【边框和底纹】对话框，在【页面边框】选项卡的【艺术型】下拉选项中选择小草形状，【颜色】设置为浅绿，单击【确定】按钮完成设置。

图 1-1-5　【边框和底纹】之【页面边框】选项卡

4. 设置字符格式

(1) 字体设置：按 Ctrl+A 键进行全选，然后选择【开始】→【字体】启动器，在弹出的如图 1-1-6 所示的【字体】对话框中，将【中文字体】设置为方正姚体，【字形】设置为常规，【字号】设置为四号。设置完成后，可在预览框中查看设置效果，单击【确定】按钮完成设置。

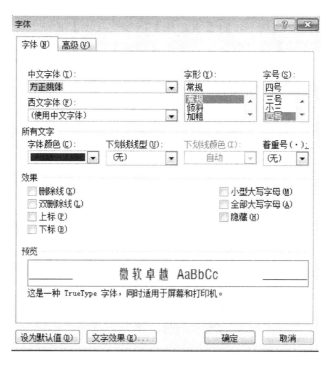

图 1-1-6　【字体】对话框

(2) 下划线设置：先选中需设置下划线的文字，再次进入【字体】对话框，将【下划线线型】选为波浪线，【下划线颜色】设置为红色，单击【确定】按钮完成设置，如图 1-1-7 所示。

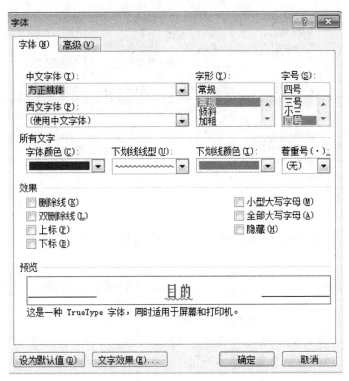

图 1-1-7 【字体】对话框下划线的设置

(3) 查找与替换：按 Ctrl+H 键打开如图 1-1-8 所示的【查找和替换】对话框，单击【替换】选项卡，在【查找内容】输入框中输入需替换的文字"武则天"；切换到英文状态下，在【替换为】输入框中输入"^&"，用于改变所选文字的字体；单击【更多】按钮，再单击【格式】→【字体】，弹出如图 1-1-9 所示的【替换字体】对话框，在【字体】选项卡中，将【中文字体】设置为华文行楷，【字形】设置为加粗，【字号】设置为小三，【字体颜色】设置为红色，单击【确定】按钮回到【查找和替换】对话框；最后单击【全部替换】按钮完成替换。

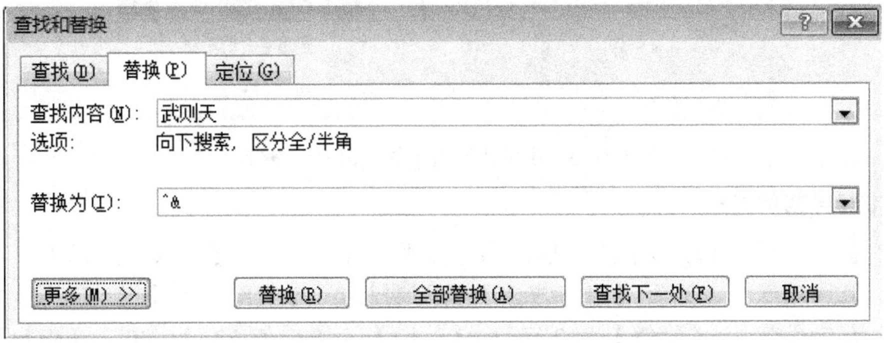

图 1-1-8 【查找和替换】之【替换】选项卡

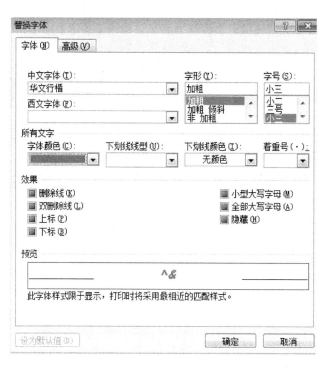

图 1-1-9 【替换字体】对话框

(4) 突出显示文本：选中最后一段的"虽然武则天这个人……很多有能力的人。"，单击【开始】→【字体】组中的突出显示按钮 ab[▾]，在下拉菜单中选择黄色，如图 1-1-10 所示。

图 1-1-10 【字体】组中的突出显示设置

5. 设置段落格式

选择【开始】→【段落】启动器，弹出如图 1-1-11 所示【段落】对话框，在【缩进和间距】选项卡中，设置【对齐方式】为两端对齐，【大纲级别】为正文文本，【特殊格式】为首行缩进，【磅值】为 2 字符，【行距】为固定值 22 磅，单击【确定】按钮完成设置。

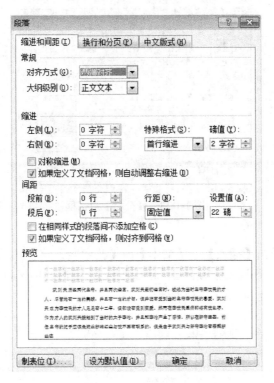

图 1-1-11　【段落】→【缩进和间距】选项卡

6. 首字下沉和分栏

(1) 首字下沉设置：将光标定位在要设置首字下沉的段落，单击【插入】→【文本】→【首字下沉】→【首字下沉选项】，弹出如图 1-1-12 所示的【首字下沉】对话框，【位置】设置为下沉，【下沉行数】设置为 2，【距正文】设置为 0.1 厘米，单击【确定】按钮完成设置。

图 1-1-12　【首字下沉】对话框

(2) 分栏设置：选中第 4 自然段"武则天是一个有智谋……，其中也包括她的儿子。"，选择【页面布局】→【页面设置】→【分栏】→【更多分栏】，弹出如图 1-1-13 所示的【分栏】对话框，将【栏数】设置为 2，并勾选【分隔线】复选框，单击【确定】按钮完成设置。

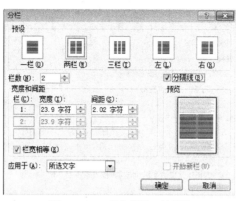

图 1-1-13 【分栏】对话框

7. 插入艺术字

(1) 选中标题，单击【插入】→【文本】→【艺术字】，在下拉菜单中选择【艺术字样式】中的【填充红色，强调文字颜色 2，粗糙棱台】，此时功能区将自动显示【绘图工具】的【格式】上下文工具，如图 1-1-14 所示。

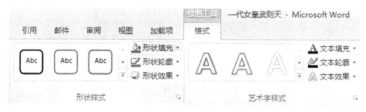

图 1-1-14 【绘图工具】→【格式】上下文工具

(2) 按照设置字体格式的方法，将字体设置为隶书，字号为 30；在如图 1-1-15 所示的【字体】对话框的【高级】选项卡中，将【字符间距】的【间距】设置为加宽，磅值设置为 10 磅，单击【确定】按钮完成设置。

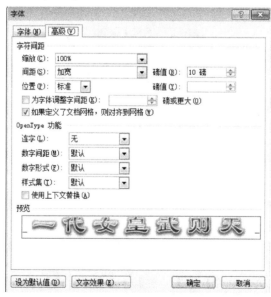

图 1-1-15 【字体】→【高级】选项卡

(3) 按照设置段落格式的方法，将特殊格式设置为无，行距设置为最小值 30 磅。

(4) 单击【格式】→【艺术字样式】→【文字效果】，在下拉菜单中选择【转换】→【弯曲】→【波形 1】。

(5) 单击【格式】→【艺术字样式】→【文字填充】，在下拉菜单中选择【渐变】→【变体】→【线性向上】；选择【渐变】→【其他渐变】，弹出如图 1-1-16 所示的【设置文本效果格式】对话框，将【预设颜色】选择为彩虹出岫；选择【发光和柔化边缘】，在【预设】下拉菜单中选择【蓝色 8p 发光 强调文字颜色 1】，单击【关闭】按钮完成设置，如图 1-1-17 所示。

图 1-1-16　【设置文本效果格式】→【文本填充】设置

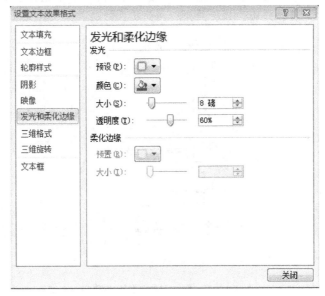

图 1-1-17　【设置文本效果格式】→【发光和柔化边缘】设置

(6) 合理布局，将艺术字拖动到标题居中的位置。

8. 插入文本框

(1) 选中第一自然段文字，选择【插入】→【文本】组中的【文本框】，在下拉菜单中选择【绘制文本框】，如图 1-1-18 所示；拖动鼠标绘制文本框后，功能区自动显示【绘图工具】的【格式】上下文工具。

图 1-1-18　【文本框】下拉菜单

(2) 单击【格式】→【文本】→【文字方向】，在下拉菜单中选择【垂直】，如图 1-1-19 所示。

图 1-1-19　【文字方向】下拉菜单

(3) 按照设置字体格式的方法，将字体设置为宋体，颜色设置为红色。

（4）按照设置段落格式的方法，将文本框设置为首行缩进 2 个字符，行距为固定值27 磅。

（5）选中文本框，选择【格式】→【形状样式】→【形状轮廓】，将【标准色】设置为浅蓝；继续选择【形状轮廓】→【虚线】，在下拉菜单中选择【圆点】。【形状轮廓】下拉菜单如图 1-1-20 所示。

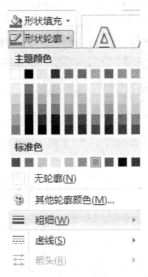

图 1-1-20　【形状轮廓】下拉菜单

（6）根据设置后的文字内容调整文本框大小，并将文本框拖动到居中位置。

9. 插入图片

（1）将光标定位到要插入图片的段落，单击【插入】→【插图】组中的【图片】（见图1-1-21），将打开【插入图片】对话框；在"E:\项目一\素材"文件夹中选择图片"武则天1.jpg"，单击【插入】按钮，即可插入图片，此时功能区将自动显示【图片工具】的【格式】上下文工具，如图 1-1-22 所示。

图 1-1-21　【插入】→【图片】工具

图 1-1-22　【图片工具】→【格式】上下文工具

(2) 单击【格式】→【排列】→【自动换行】→【其他布局选项】,弹出如图 1-1-23 所示的【布局】对话框,在【文字环绕】选项卡的【环绕方式】区域选择【紧密型】,单击【确定】按钮完成设置。

图 1-1-23　【布局】→【文字环绕】选项卡

(3) 单击【布局】对话框中的【大小】选项卡,将【缩放】区域的【高度】和【宽度】按比例缩放 19%,单击【确定】按钮完成设置,如图 1-1-24 所示。

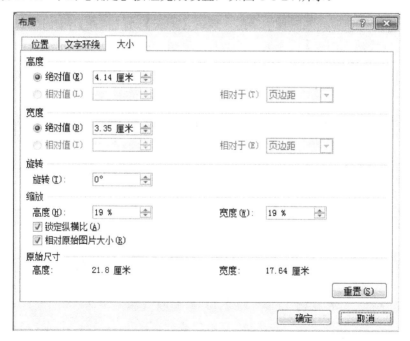

图 1-1-24　【布局】→【大小】选项卡

(4) 选中图片,然后将图片拖动到合适位置。

(5) 重复第(1)~(4)步，插入图片"武则天 2.jpg"，将【文字环绕】的【环绕方式】设置为四周型，【大小】选项卡中的【缩放比例】设置为 20%，单击【确定】按钮完成设置，最后将图片拖动到合适位置。

(6) 选中插入的图片"武则天 2.jpg"，单击【格式】→【调整】→【删除背景】，此时功能区将自动显示【图片工具】的【背景消除】上下文工具，如图 1-1-25 所示；图片中出现一个控制框和大片洋红色，可以通过调整控制框来控制删除背景的大小，洋红色的区域则是会被删除的部分。首先拖动节点，将控制框调整为图片大小，然后单击【背景消除】→【优化】→【标记要保留的区域】或【标记要删除的区域】，在图中做好标记，最后单击【关闭】组中的【保留更改】，即完成了图片的删除背景操作。设置前后的效果对比如图 1-1-26 所示。

图 1-1-25 【图片工具】→【背景消除】上下文工具

图 1-1-26 删除背景的效果对照图

(7) 单击【格式】→【调整】组中的【更正】按钮，在下拉菜单中的【锐化和柔化】区域选择【锐化 50%】，在【亮度和对比度】区域选择【亮度+20% 对比度−40%】。设置前后的效图对比如图 1-1-27 所示。

图 1-1-27 调整锐化、亮度、对比度效果对照图

(8) 单击【格式】→【调整】组中的【颜色】按钮,将下拉菜单中的【颜色饱和度】设置为饱和度 200%,【色调】设置为色温 8800K。设置前后的效果对比如图 1-1-28 所示。

图 1-1-28　调整颜色效果对照图

(9) 单击【格式】→【调整】组中的【艺术效果】按钮,在下拉菜单中选择【纹理化】。设置前后的效果对比如图 1-1-29 所示。

图 1-1-29　调整艺术效果对照图

10. 打印文档

单击【文件】→【打印】切换到打印预览界面,可以查看预览效果。若确定文档内容及格式无误,打印机与计算机正确连接,则设置【打印份数】为 1,然后单击【打印】按钮,即可打印。

任务总结

本任务主要学习了 Word 的基本编辑技能,通过对文档的排版和格式化,熟练运用"图文混排"技巧制作出吸引人的文档。在实际生产、生活中,图文混排还能满足制作海报、宣传画册、展板、电子贺卡等图文并茂的文档。

实践演练

赏析小报排版《冬夜读书示子聿》

张红是某高校学习部的一名学生干部,主要负责活动的实施。根据工作计划,本月主要开展古诗词赏析活动,为形成推广学习古诗词文化的良好氛围,展示中国文化的独特魅力,拟本周制作古诗词《冬夜读书示子聿》的赏析小报,供大家学习讨论。

1. 操作要求

(1) 页面布局：纸张大小为 A4；纸张方向为横向；页边距均设置为 2 厘米；分为 3 栏；页面边框设置为艺术型，颜色为"水绿色，强调文字颜色 5，淡色 60%"。

(2) 将活动主题"古代诗词赏析"设为艺术字，艺术字样式为"填充—橄榄色，强调文字颜色 3，轮廓—文本 2"；字体为华文中宋，字号为小初；将艺术字渐变填充为红日西斜；为艺术字添加"倒 V 形""水绿色，5pt 发光，强调文字颜色 5"的文本效果。

(3) 《冬夜读书示子聿》诗词正文设置为全文居中；字体设置为华文隶书、小三、深红色、加粗；段落行距设置为多倍行距，值为 3；四句正文的字间距设为紧缩，磅值为 0.5。

(4) 赏析部分：首行缩进 2 个字符；字体设置为宋体，小四；首字下沉 2 个字符，字体为黑体，颜色为"橙色，强调文字颜色 6，深色 50%"；段后间距为 0.5 行。

(5) 修改内容并进行如下设置：将诗的前两句修改为"1. 古人学问无遗力，少壮工夫老始成。"，诗的后两句修改为"2. 纸上得来终觉浅，绝知此事要躬行。"，字体设置为华文中宋，加双下划线，颜色为"橙色，强调颜色 6"。

(6) 突出显示文本：颜色为鲜绿。

(7) 选中指定内容，插入竖排文本框，设置首行缩进 2 个字符，字体为华文隶书，颜色为浅蓝，文本框线条颜色设置为白色。

(8) 插入素材图片，删除背景，环绕类型设置为穿越型环绕，自行设置图片格式中的颜色、艺术效果等。

2. 作品效果图

制作古诗词《冬夜读书示子聿》的赏析小报作品效果图如图 1-1-30 所示。

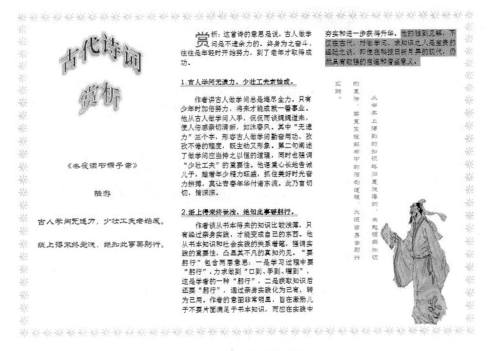

图 1-1-30 作品效果图

任务二 人力资源部英才应聘资料制作

任务简介

张女士是有趣玩家科技有限公司人力资源部的一名员工，因工作需要，经常需要发布招聘信息。招聘信息是用 Word 来制作相关的通知和表格的。本次面向社会招聘的岗位的应聘须知、应聘人员履历表设计效果如图 1-2-1、图 1-2-2 所示。

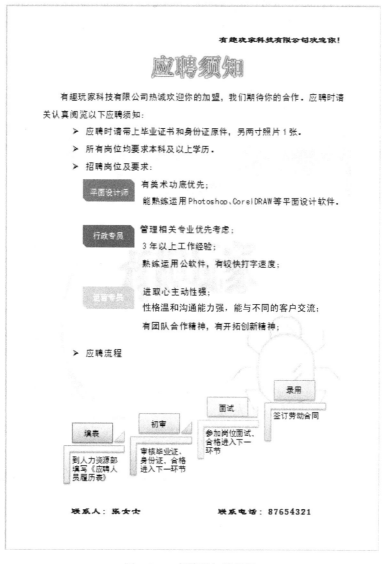

图 1-2-1 应聘须知效果图

应聘人员履历表

应聘岗位： 填表日期：

姓名		性别		出生年月		照片
籍贯		民族		健康状况		
最高学历			身份证号			
专业			联系方式			

学习经历（高中起）	起止年月	学校名称	专业

工作经历	起止年月	工作单位	职位/岗位

家庭成员	与本人关系	姓名	年龄	职业	联系电话

能否加班	□是 □否	能否出差	□是 □否

本人保证上述所填内容真实无误，如有虚假，用人单位可随时终止劳动关系，由此给用人单位造成的一切损失由本人承担，如对上述条款无异议，请签名。

应聘人签名： 年 月 日

图 1-2-2 应聘人员履历表效果图

任务目标

通过本任务的学习，熟练掌握在 Word 文档中使用水印、项目符号、形状、SmartArt 图表、表格等，通过对它们的格式、边框、底纹等设置来美化文档。

➤ 文档的制作和格式化。

➤ 水印、项目符号、形状、SmartArt 图表、页眉页脚、表格设置。

1. "应聘须知"制作操作步骤

1) 制作并格式化主文档

(1) 打开"E:\项目二\素材"文件夹中的"word 素材 2.docx",以"人力资源部英才应聘须知.docx"命名另存到 E 盘个人文件夹中。

(2) 选择【页面布局】→【页面设置】启动器,打开【页面设置】对话框,将纸张大小设为 A4,页边距均设为 2 厘米,单击【确定】按钮完成设置。

(3) 选择【页面布局】→【页面背景】→【水印】→【自定义水印】,在打开如图 1-2-3 所示的【水印】对话框中选择【图片水印】,在【选择图片】中选择"E:\项目二\素材\LOGO.png",将【缩放】设置为 400%,勾选【冲蚀】复选框,单击【确定】按钮完成设置。

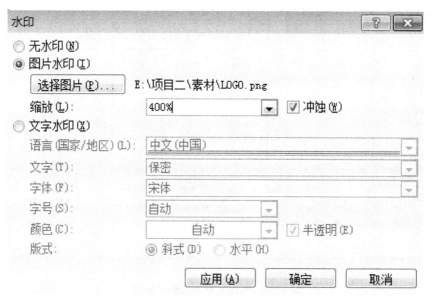

图 1-2-3　【水印】对话框

(4) 将光标定位在标题前,选择【插入】→【艺术字】→【渐变填充—黑色,轮廓—白色,外部阴影】,将【字体颜色】设置为深红;选择【格式】→【艺术字格式】组,单击【文本轮廓】→【粗细】(如图 1-2-4 所示),选择 1 磅;同理,选择【文字效果】→【发光】(见图 1-2-5),选择【发光变体】中的第 1 个【蓝色,5pt 发光,强调文字颜色 1】;选中艺术字拖动到标题的合适位置,并删除原标题。

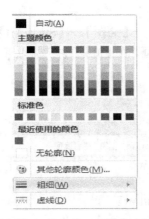 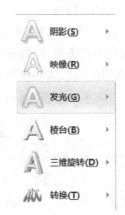

图 1-2-4　【文本轮廓】下拉菜单　　　　图 1-2-5　【文字效果】下拉菜单

(5) 选中素材文本的第 1～9 行，选择【开始】→【字体】启动器，将字体设置为黑体、四号；选择【开始】→【段落】，设置首行缩进为 2 字符，行距设置固定值为 27 磅。

2) 设置项目符号

(1) 选中素材文本的第 3～5 行，选择【开始】→【段落】组中【项目符号】的下拉按钮 ≡ ，弹出【项目符号库】下拉菜单，选择样式为 ▷ 的箭头符号。

(2) 同理，将文中"4.应聘流程"中的数字"4."也替换为项目符号 ▷ 。

3) 插入形状并添加文字

(1) 单击【插入】→【插图】→【形状】→【矩形】→【剪去对角的矩形】，在空白区域绘制形状，此时功能区将自动显示【绘图工具】的【格式】上下文工具。

(2) 选中矩形，选择【格式】→【形状样式】组的【形状填充】按钮，将形状的颜色填充为标准色红色；将【形状轮廓】设置为无轮廓；单击右键，在出现的快捷菜单中选择【添加文字】，输入岗位名称"平面设计师"，位置居中，字号为小四；根据文字内容调整形状大小。

(3) 删除素材文本的第 6 行文字"(1) 平面设计师："，将此段文字以"；"为界分成两行，其中第二行设置间距为段后 1 行。调整适当位置后的效果如图 1-2-6 所示。用相同方法设置"行政专员""运营专员"两段。

平面设计师　有美术功底优先；
　　　　　能熟练运用 Photoshop、CorelDRAW 等平面设计软件。

行政专员　管理相关专业优先考虑；
　　　　3 年以上工作经验；
　　　　熟练运用公软件，有较快打字速度；

运营专员　进取心主动性强；
　　　　性格温和沟通能力强，能与不同的客户交流；
　　　　有团队合作精神，有开拓创新精神；

图 1-2-6　第 5～7 段设置效果图

4) 插入 SmartArt 图表

(1) 将光标定位在 "(1)填表" 前。单击【插入】→【插图】→【SmartArt】(见图 1-2-7)，弹出如图 1-2-8 所示的【选择 SmartArt 图形】对话框，在【流程】中选择【步骤上移流程】，单击【确定】按钮出现默认流程图。

图 1-2-7　选择【SmartArt】

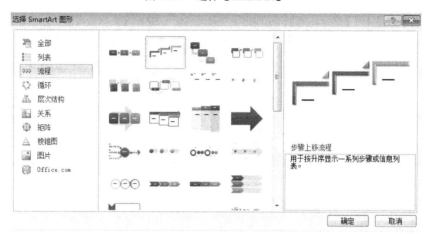

图 1-2-8　【选择 SmartArt 图形】对话框

(2) 选择流程图，单击【SmartArt 工具】→【设计】→【添加形状】→【在后面添加形状】。

(3) 单击【设计】→【更改颜色】→【彩色】区域的第 5 个样式【彩色范围-强调文字颜色 5 至 6】；在【SmartArt 样式】组【快速样式】列表中选择如图 1-2-9 所示的【细微效果】样式。

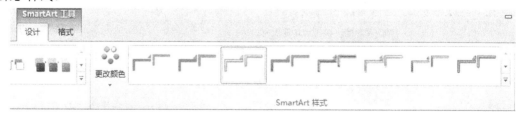

图 1-2-9　【设计】选项卡中的【SmartArt 样式】组

(4) 按照插入形状的方法，在从左到右的第 1 个流程阶梯上插入矩形，要求放置的位置要左右居中，下边框与小三角形平行；单击【绘图工具】→【格式】→【形状样式】组中的【形状快速样式】下拉列表(如图 1-2-10 所示)，选择第 4 行第 2 个样式【细微效果-蓝色，强调颜色 1】；在形状中添加文字 "填表"，并设置字体为黑体，字号为小四，对齐方式为居中。

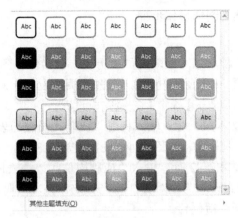

图 1-2-10　【形状快速样式】的下拉列表

(5) 选中设置好的"填表"矩形，复制 3 个相同的矩形，分别拖动到第 2～4 个流程图阶梯上，将文字依次改为"初审""面试""录用"。

(6) 设置矩形的线条或外观样式：将"初审"设置为第 3 行第 6 个样式【细微效果-水绿色，强调颜色 5】；"面试"设置为第 4 个样式【细微效果-橄榄色，强调颜色 3】；"录用"设置为第 7 个样式【细微效果-水绿色，强调颜色 5】。

(7) 依次将 4 个应聘流程的内容移动到对应文本框内，如在"填表"流程下的文本框中粘贴"到人力资源部填写《应聘人员履历表》"；同理，分别在对应第 2～4 个流程中粘贴相关内容；文本框中的字体设置为黑体，字号为 12 磅。

(8) 删除本自然段在流程图外多余的文本或符号。

5) 设置页眉和页脚

(1) 单击【插入】→【页眉和页脚】→【页眉】→【编辑页眉】；单击【开始】→【样式】→【清除格式】(如图 1-2-11 所示)，清除页眉横线。此时光标闪动在页眉左对齐处，输入"有趣玩家科技有限公司欢迎你!"，将字体设置为隶书，字号设置为四号，字形为加粗，对齐方式为右对齐。

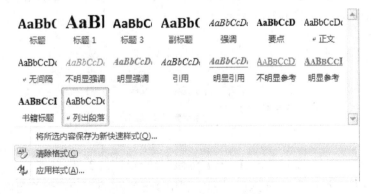

图 1-2-11　【样式】下拉菜单

(2) 单击【设计】→【页眉和页脚】→【页脚】→【编辑页脚】，输入"联系人：张女士，联系电话：87654321"。将字体同样设置为隶书、字号为四号、字形为加粗，对齐方式为居中；选中"，"后按空格键，使联系人和联系电话分居两端合适的位置。

2. "应聘人员履历表"制作操作步骤

1) 创建文档

(1) 新建空白 Word 文档,以"应聘人员履历表"命名保存到 E 盘个人文件夹中。

(2) 单击【页面布局】→【页面设置】,打开【页面设置】对话框,设置纸张大小为A4,页边距均为 2.5 厘米,单击【确定】按钮完成设置。

(3) 光标定位在素材文本第 1 行,输入标题"应聘人员履历表",将字体设置为黑体、字号为小二,对齐方式设置为居中,字符间距设置为加宽 3 磅。

(4) 光标定位在素材文本第 2 行,输入"应聘岗位:""填表日期:",将字体设置为黑体、字号为四号,对齐方式设置为左对齐;将光标定位在"应聘岗位:"后按空格键,使"填表日期:"向右移动到合适位置。

2) 创建表格

(1) 光标定位在素材文本第 3 行,单击【插入】→【表格】→【插入表格】,弹出如图1-2-12 所示的【插入表格】对话框,【列数】设置为 8,【行数】设置为 18,单击【确定】按钮完成设置。此时功能区将自动显示【表格工具】的【设计】功能区。

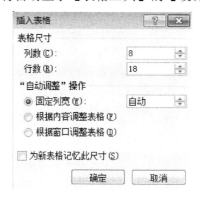

图 1-2-12 【插入表格】对话框

(2) 选中表格,使表格居中;单击【表格工具】→【布局】→【单元格大小】,将【高度】设置为 1.1 厘米,如图 1-2-13 所示。

图 1-2-13 【布局】功能区【单元格大小】组

(3) 在表格中输入文本。在输入的过程中利用 Tab 键移动到下一个单元格,按 Shift+Tab键移动到上一个单元格,无需用鼠标移动;对于文本较长的,如最后一行"本人保证……",可先添加少量文本,待下一步合并单元格后再补充添加;添加复选框"□"的方法为单击【插入】→【符号】→【其他符号】,弹出如图 1-2-14 所示的【符号】对话框,选择【子集】→【几何图形符】中的空心方形,单击【插入】按钮完成设置。

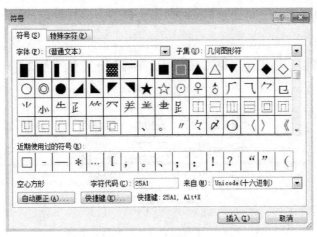

图 1-2-14 【符号】对话框

3) 更改表格结构

(1) 利用合并或拆分单元格建立不规则表格。选中需要合并或拆分的单元格，右键单击，在弹出的快捷菜单中选择合并或拆分，根据提示进行操作即可。

(2) 选中素材文本第 7 列第 1～4 行 4 个单元格，右键单击，选择【合并单元格】。根据图 1-2-15 所示依次对需要合并的单元格进行合并操作。

应 聘 人 员 履 历 表

应聘岗位：				填表日期：		
姓名		性别		出生年月		照片
籍贯		民族		健康状况		
最高学历				身份证号		
专业				联系方式		
学习经历 （高中起）	起止年月		学校名称		专业	
工作经历	起止年月		工作单位		职位/岗位	
家庭成员	与本人关系		姓名	年龄	职业	联系电话
能否加班	□是 □否			能否出差	□是 □否	
本人保证						

图 1-2-15 合并单元格

(3) 完成单元格合并后，可对最后一行"本人保证……"中未添加完的文本进行添加。

4) 设置表格格式

(1) 选中素材表格，单击【表格工具】→【布局】→【对齐方式】→【水平居中】，如图 1-2-16 所示。

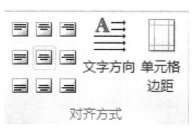

图 1-2-16　【布局】→【对齐方式】组

(2) 素材表格内文本格式的设置方法与普通的文本格式设置方法一样。选中表格，将字体设置为黑体，字号设置为五号；将表格最后一行"本人保证……，请签名。"文本的对齐方式设置为左对齐，首行缩进为 2 字符；将第 3 行的"应聘人：　年　月　日"整体下移 1 行，并设置对齐方式为右对齐。

(3) 单击【表格工具】→【设计】→【表格样式】→【边框】，弹出如图 1-2-17 所示的【边框和底纹】对话框，在【边框】选项卡中，将【颜色】设置为深蓝，【宽度】设置为 1.0 磅，单击【确定】按钮完成设置。

图 1-2-17　【边框和底纹】→【边框】选项卡

(4) 将光标定位在"姓名"单元格上，在【边框和底纹】对话框的【底纹】选项卡中，将【填充】设置为【水绿色，强调文字颜色 5，淡色 60%】，在【应用于】下拉菜单中选择【单元格】，单击【确定】按钮完成设置，如图 1-2-18 所示。

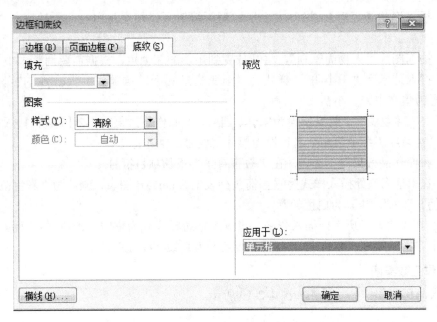

图 1-2-18 【边框和底纹】→【底纹】选项卡

(5) 依照图 1-2-2 完成其他单元格的底纹设置，可以拖动选择多个单元格同时设置。

任务总结

本任务主要利用对水印、页眉页脚、项目符号、形状、SmartArt 图表、表格等的设置和格式化来美化文档，也使文本内容清晰整齐。这些功能的使用范围也较为广泛，可运用于制作个人简历、人事招聘、各种报名表、自荐书等规则或不规则表格。

实践演练

个人简历制作

王小明是科技职业技术学院 2019 届的一名应届毕业生，为了在毕业双选会上赢得更多的面试机会，他需要准备一份格式新颖、重点突出的个人简历来做"敲门砖"。根据以下要求，帮助王小明完成个人简历的制作。

1. 操作要求

(1) 新建 Word 文档，文件名以"个人简历.docx"命名保存到 E 盘个人文件夹中。

(2) 将纸张大小设为 A4；将页边距上、下设为 1.25 厘米，左、右设为 3.17 厘米；设置页面颜色为"水绿色，强调文字颜色 5，淡出 80%"。

(3) 设置页眉：对齐方式为左对齐；将文字"个人简历"设置为华文中宋、小一、蓝色；插入形状【直线】，粗细 3 磅，蓝色；插入形状【十字星】，填充为红色，无轮廓；将文字"细心从每……"设置为华文中宋、四号、蓝色。

(4) 插入形状【矩形】，拖动大小形成简历编辑区，填充为白色，无轮廓，衬于文字下方。

(5) 插入图片"人物简笔画"，将其放置到矩形的左上角，根据需要调整大小。

(6) 插入艺术字"王小明"，样式为"渐变填充-橙色，强调文字颜色 6，内部阴影"；字体设置为华文中宋、小初。

(7) 导入素材文字，将文字设为宋体、四号，参照作品效果图 1-2-19 进行排版；将"年龄"到"实习经历"中的 9 个名目设为黑体、四号、加粗；

(8) 参照作品效果图 1-2-19，在"教育背景"下加项目符号。

(9) 在"证书"处插入样式为垂直箭头列表的 SmartArt 图表，颜色为"彩色范围-强调文字颜色 5 至 6"，样式为白色轮廓。

(10) 在"实习经历"处插入表格，设置表格边框样式为虚线、橙色、1.5 磅。

(11) 参照效果图 1-2-19 插入直线，线条设为划线-点，1.0 磅。

2. 作品效果图

个人简历制作作品效果图如图 1-2-19 所示。

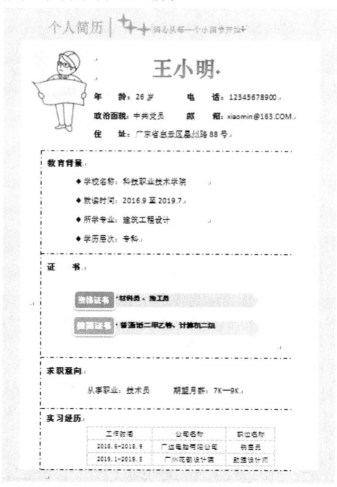

图 1-2-19　个人简历效果图

任务三　经费联审结算单制作

任务简介

由于经常有许多部门报账，填写的均是同一份报账清单，只是不同的人报账的项目、金额、日期等不一样。某单位财务处请小张设计一份“经费联审结算单”模板，以提高日常报账和结算单审核效率。要求利用 Word 的邮件合并功能，制作出 2019 年 1～2 月份经费联审结算单。

本任务的效果如图 1-3-1 所示。

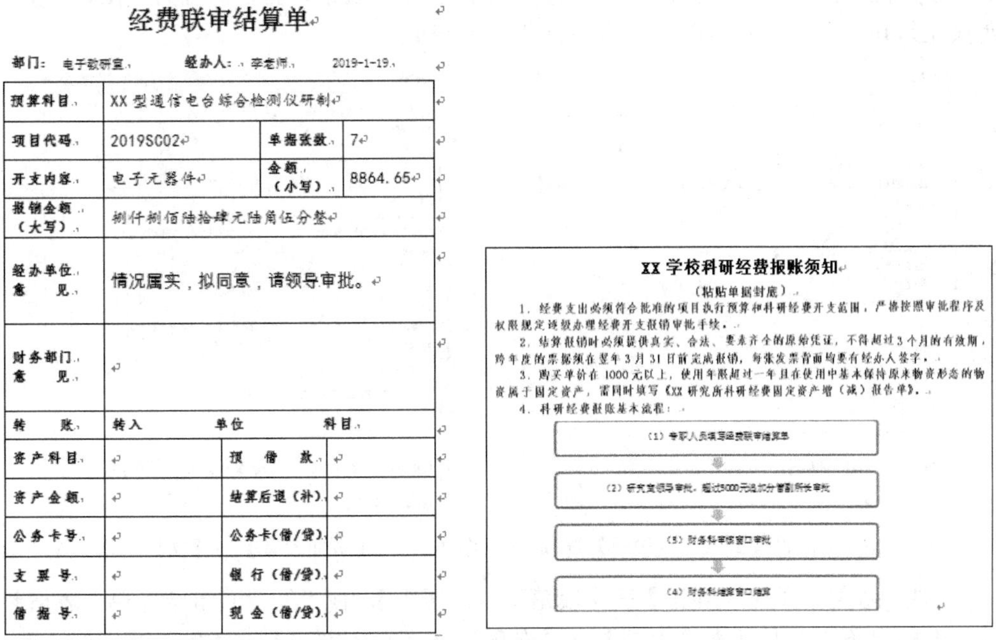
经费联审结算单

部门：电子教研室　　经办人：李老师　　2019-1-19

预算科目	XX 型通信电台综合检测仪研制		
项目代码	2019SC02	单据张数	7
开支内容	电子元器件	金额（小写）	8864.65
报销金额（大写）	捌仟捌佰陆拾肆元陆角伍分整		
经办单位意见	情况属实，拟同意，请领导审批。		
财务部门意见			
转账	转入　单位　科目		
资产科目		预借款	
资产金额		结算后退（补）	
公务卡号		公务卡（借/贷）	
支票号		银行（借/贷）	
借据号		现金（借/贷）	

XX 学校科研经费报账须知

（粘贴单据封底）

1. 经费支出必须符合批准的项目执行预算和科研经费开支范围，严格按照审批程序及权限规定逐级办理经费开支报销审批手续。

2. 结算报销时必须提供真实、合法、要素齐全的原始凭证，不得超过 3 个月的有效期，跨年度的票据须在翌年 3 月 31 日前完成报销，每张发票背面均要有经办人签字。

3. 购买单价在 1000 元以上，使用年限超过一年且在使用中基本保持原来物资形态的物资属于固定资产，需同时填写《XX 研究所科研经费固定资产增（减）报告单》。

4. 科研经费报账基本流程：

图 1-3-1　经费联审结算单效果图

任务目标

了解邮件合并的应用范围、主文档和数据源的关系；熟练掌握邮件合并的操作步骤。

知识链接

- 页面布局：页面纸张、方向、页边距、栏数。
- 主文档格式化：表格格式化、文档格式化、文本框、SmartArt。
- 数据源：表格制作并格式化。

➢ 邮件合并:六个步骤(选择文档类型→选择开始文档→选择收件人→撰写信函→预览→完成合并)。

操作步骤

1. 制作并格式化主文档

(1) 打开素材文件"Word 素材.docx",以"结算单模板.docx"保存于 E 盘。

(2) 选择【页面布局】→【页面设置】启动器,弹出如图 1-3-2 所示的【页面设置】对话框,设置页面【纸张】为 A4,【纸张方向】为横向,【页边距】均为 1 厘米。选择【文档网格】选项卡,【栏数】设置为 2(如图 1-3-3 所示),单击【确定】按钮完成设置。光标定位于"XX 学校科研经费报账须知"前面,选择【页面布局】→【页面设置】→【分隔符】→【分栏符】,这样左栏内容为"经费联审结算单"表格,右栏内容为"XX 学校科研经费报账须知"文字,左右两栏内容不跨栏、不跨页。

 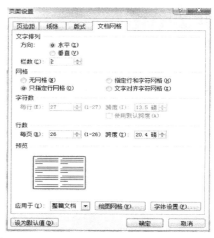

图 1-3-2 【页面设置】→【页边距】选项卡　　图 1-3-3 【页面设置】→【文档网格】选项卡

(3) 选中表格,单击【开始】→【段落】→【居中】,使"经费联审结算单"表格整体居中,选择上下文工具【表格工具】→【布局】→【对齐方式】→【中部两端对齐】。同理,将【单元格大小】组中的【行高】设置为 0.8 厘米,其中第 5 行、第 6 行的行高设置为 2.5 厘米。选择上下文工具【表格工具】→【设计】→【边框】设置单元格的边框,内部框线为 1 磅,外侧框线为 1.5 磅。

(4) 选中"经费联审结算单"标题(表格第一行),单击【开始】→【字体】启动器,分别设置对齐方式为水平居中,字体为华文中宋,字号为二号。单元格中已有文字字体均为小四、仿宋、加粗;其余空白单元格格式均为四号、楷体、左对齐。

(5) 选择"XX 学校科研经费报账须知"所有文字,单击【插入】→【文本框】→【绘制文本框】,拖动生成文本框后,选中文本框,单击【绘图工具】→【排列】→【旋转】→【向左旋转 90°】。

(6) 选择"XX 学校科研经费报账须知"素材文本中的第一行格式为小三、黑体、加粗,居中;第二行格式为小四、黑体,居中;其余内容为小四、仿宋,两端对齐、首行缩进 2 字符。

　　(7) 选择"XX 学校科研经费报账须知"素材文本中四个基本流程，按 Ctrl+X 键进行剪切，切换到【插入】→【插图】→【SmartArt】，打开【选择 SmartArt 图形】对话框，在【流程】里选择【垂直流程】，把文字粘贴到 SmartArt 的文本窗格里。选中 SmartArt， 单击【SmartArt 工具】→【设计】→【SmartArt 样式】→【更改颜色】→【彩色轮廓-强调文字颜色 1】，【样式】选择【简单填充】，调整 SmartArt 图形大小后，将文档进行保存。

2. 制作数据源

　　(1) 打开 Excel，建立如图 1-3-4 所示的表格，以"报账名单.xlsx"为文件名保存在 E 盘，作为数据源。数据源类型可以是 Word 表格、Excel 工作表、Access 数据库文件等。

序号	部门	经办人	填报日期	预算科目	项目代码	单据张数	开支内容	金额（小写）	金额（大写）
001	软件教研室	张老师	2019-1-18	XX管理信息系统国产化迁移技术研究	2018RW20	5	电脑配件	¥3,282.20	叁仟贰佰捌拾贰元贰角整
002	电子教研室	李老师	2019-1-19	XX型通信电台综合检测仪研制	2019SC02	7	电子元器件	¥8,864.65	捌仟捌佰陆拾肆元陆角伍分整
003	网络教研室	王老师	2019-1-19	XX波段小功率雷达研制需求论证	2019YT05	4	办公耗材	¥570.00	伍佰柒拾元整
004	软件教研室	张老师	2019-1-28	XX站综合管理信息系统软件开发	2017RW07	2	技术服务费	¥210,000.00	贰拾壹万元整
005	电子教研室	李老师	2019-1-28	XX型通信电台综合检测仪研制	2019SC08	2	机箱定制费	¥34,500.00	叁万肆仟伍佰元整
006	网络教研室	王老师	2019-1-29	XX型便携式微型激光监听仪需求论证	2019JJ33	3	专家咨询费	¥5,700.00	伍仟柒佰元整
007	软件教研室	张老师	2019-2-8	XX站综合管理信息系统软件开发	2019RW07	4	电脑配件	¥904.00	玖佰零肆元整
008	电子教研室	李老师	2019-2-9	XX型红旗轿车行车电脑综合检测仪研制	2019SC05	7	总线接口	¥475.00	肆佰柒拾伍元整
009	网络教研室	王老师	2019-2-9	XX波段小功率雷达研制需求论证	2019YY08	2	打印机	¥3,457.00	叁仟肆佰伍拾柒元整
010	电子教研室	李老师	2019-2-10	XX型红旗轿车行车电脑综合检测仪研制	2019SC03	3	台式计算机	¥42,500.00	肆万贰仟伍佰元整

图 1-3-4　"报账名单"数据表

　　(2) 对表格进行格式化。

3. 邮件合并

　　(1) 打开文档"结算单模板.docx"，选择【邮件】→【开始邮件合并】→【信函】。

　　(2) 单击【选择收件人】→【使用现有列表】，弹出【选取数据源】对话框；在文件夹窗格中找到"报账名单.xlsx"文件，单击【打开】按钮。

　　(3) 将光标定位于"部门"后面的空白单元格，单击【其他项目】，选择"部门"插入。在相应的位置分别插入"经办人""填报日期""预算科目""项目代码""单据张数""开支内容""金额(小写)""金额(大写)"。

　　(4) 将光标定位于"经办单位意见"右边单元格，单击【邮件】→【编写和插入域】→【规则】→【如果…那么…否则】，如图 1-3-5 所示。在弹出的对话框中，【域名】选择"金额(小写)"，【比较条件】选择"小于等于"，【比较对象】输入"5000"，在【则插入此文字】中输入"同意，送财务审核。"，在【否则插入此文字】中输入"情况属实，拟同意，请领导审批。"，如图 1-3-6 所示。

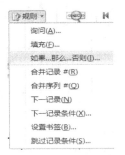

图 1-3-5　【规则】域对话框

图 1-3-6　【插入 Word 域:IF】对话框

(5) 同理，单击【邮件】→【编写和插入域】→【规则】→【跳过记录条件】，弹出如图 1-3-7 所示的对话框，在【域名】处选择"金额(小写)"，【比较条件】选择"小于"，【比较对象】输入"500"。插入合并域的效果如图 1-3-8 所示。

图 1-3-7　【插入 Word 域:SkipRecord If】对话框

经费联审结算单

部门：《部门》　　　经办人：《经办人》　　填报日期：《填报日期》

预算科目	《预算科目》		
项目代码	《项目代码》	单据张数	《单据张数》
开支内容	《开支内容》	金额（小写）	《金额（小写）》
报销金额（大写）	《金额（大写）》		
经办单位意见	同意，送财务审核《跳过记录条件...》		
财务部门意见			
转账	转入	单位	科目
资产科目		预借款	
资产金额		结算后退（补）	
公务卡号		公务卡（借/贷）	
支票号		银行（借/贷）	
借据号		现金（借/贷）	

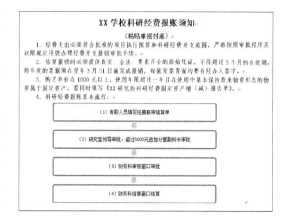

图 1-3-8　插入合并域的效果图

(6) 单击【预览结果】，查看合并效果，对不完整的地方进行修改。

(7) 单击【完成并合并】，选择【编辑单个信函】，【合并记录】选择【全部】，生成的新文档以"批量结算单.docx"为文件名保存。

任务总结

本任务主要用邮件合并批量制作出许多相似的文档，其中用到文档的格式化、表格样式化、SmartArt 图的设计等，是一个综合性比较强的项目。邮件合并的运用非常广泛，如录取通知书、邀请函、工资条、成绩单等方面。

实践演练

请柬制作

小王是长明公司的秘书，她的主要工作是管理各种档案，为公司领导起草各种文件。新年即将来临，公司定于 2019 年 2 月 1 日下午 2:00 在信息村海龙大厦办公大楼四楼多功能厅举办一个联谊会，重要客人名单保存在名为"重要客人名单.docx"的 Word 文档中，公司联系电话为 023-66668888。根据上述内容制作请柬。

1. 操作要求

(1) 制作一份请柬，以董事长张海龙的名义发出邀请，请柬中需要包含标题、收件人名称、联谊会时间、联谊会地点和邀请人。

(2) 对请柬进行适当的排版，具体要求：改变字体、加大字号，且标题部分（"请柬"两字)与正文部分(以"尊敬的 XXX"开头的文字)采用不相同的字体和字号；加大行间距和段间距；对必要的段落改变对齐方式，适当设置左右及首行缩进，以美观且符合中国人阅读习惯为准。

(3) 在请柬的左下角位置插入一幅图片(图片自选)，调整其大小及位置，不影响文字排列、不遮挡文字内容。

(4) 进行页面设置，纸张方向为横向，加大文档的上边距；为文档添加页眉，要求页眉内容包含本公司的联系电话。

(5) 在 Word 中建立如表 1-3-1 所示的表格，以"重要客人名单.docx"为文件名保存。

表 1-3-1　重要客人名单

姓　名	性　别	职　务	单　位
王　选	男	董事长	方正公司
白　云	女	办公室主任	天长公司
李　鹏	男	总经理	同方公司
江汉朵	女	财务总监	万邦达公司
张诗诗	女	部门主管	进出口贸易公司

(6) 运用邮件合并功能制作内容相同、收件人不同(收件人为"重要客人名录.docx"中的每个人，采用导入方式)的多份请柬，要求性别是男的显示为某某先生，女的显示为某某女士。先将插入合并域以后的文档以"请柬 1.docx"为文件名进行保存，再将生成可以单独编辑的单个文档以"请柬 2.docx"为文件名进行保存。

2. 作品效果图

请柬制作的作品效果图如图 1-3-9 和图 1-3-10 所示。

图 1-3-9　请柬 1 效果图

图 1-3-10　请柬 2 效果图

任务四 公司员工手册制作

任务简介

员工手册主要是企业内部的人事制度管理规范，同时又涵盖企业的各个方面，承载传播企业形象、企业文化的功能，它是有效的管理工具、员工的行动指南。小张是某单位人力资源部一名职员，由于公司进了很多新员工，人力资源部主管叫小张制作一份公司员工手册，里面包含封面、目录、正文，还需要添加复杂的页眉与页脚。由于小张对 Word 的高级排版功能不是很熟练，请你帮她制作一份公司员工手册。

本任务的效果如图 1-4-1、图 1-4-2 所示。

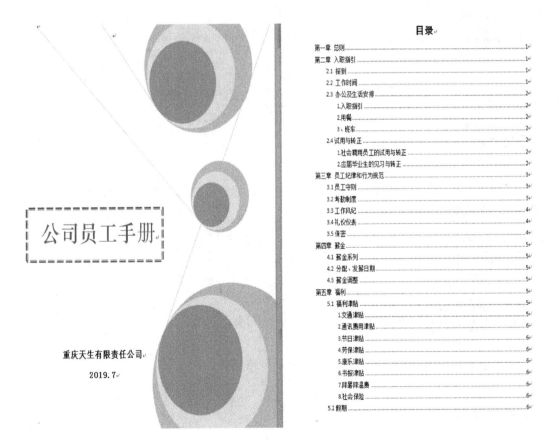

图 1-4-1 "公司员工手册"封面及目录效果图

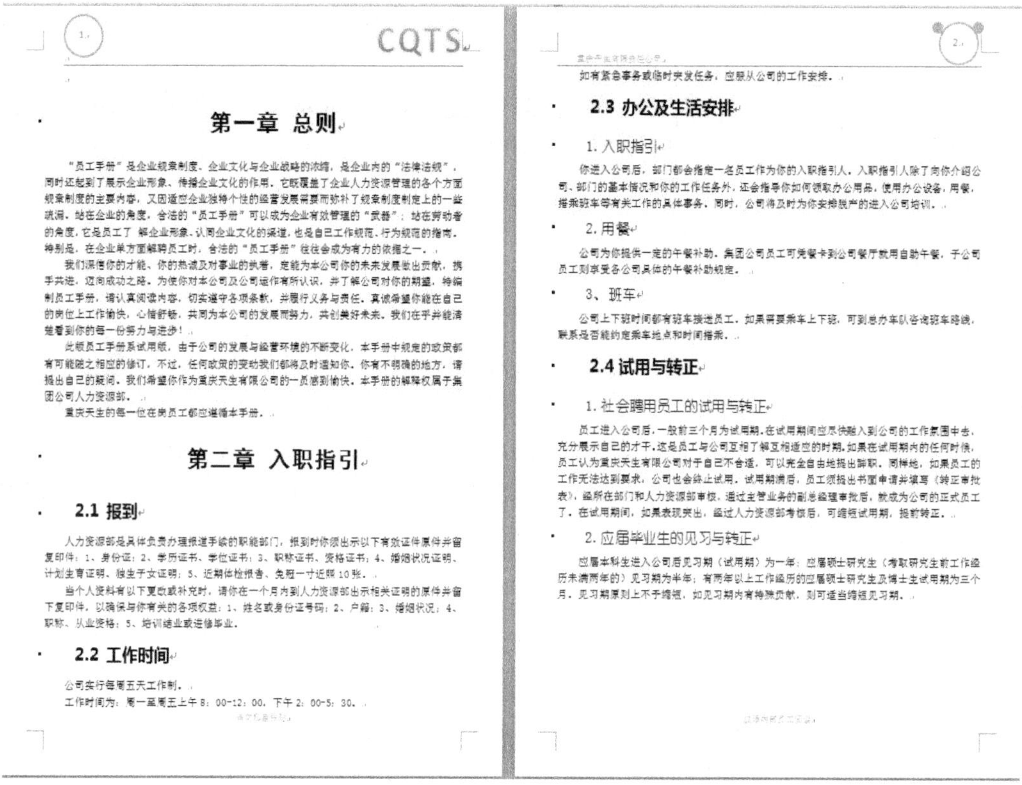

图 1-4-2　"公司员工手册"正文奇偶页效果图

任务目标

了解大文档排版操作步骤，掌握封面的制作，标题样式的修改及应用，目录的生成，复杂页眉与页脚的生成。

知识链接

➢　插入封面。
➢　标题样式修改及应用。
➢　目录的生成。
➢　复杂页眉与页脚：奇偶页不同，封面目录不同。

操作步骤

1. 新建文档

(1) 新建空白 Word 文档，选择【插入】→【文本】→【对象】→【文件中的文字】，如图 1-4-3 所示，在弹出如图 1-4-4 所示的【插入文件】对话框中，选择类型为【所有文件】，找到"员工手册.txt"，单击【插入】按钮后，将文档以"公司员工手册.docx"保存于 E 盘。

图 1-4-3　【对象】选项卡

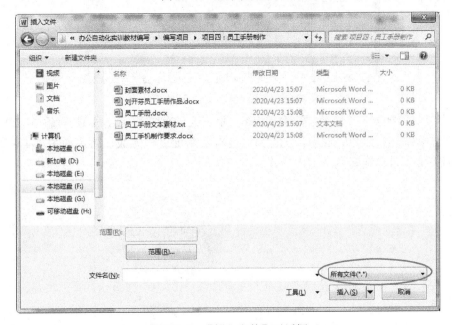

图 1-4-4　【插入文件】对话框

　　(2) 单击【页面布局】→【页面设置】启动器，打开【页面设置】对话框，设置页面纸张为 B5，页边距均为 1.5 厘米，单击【确定】按钮。

　　(3) 选择"5.2 假期"这节的"探亲假"下面的四行文字，单击【插入】→【表格】→【文本转换成表格】，将其转换成一个 4 行 4 列的表格。

2. 制作封面

　　(1) 将插入点移到文档首，单击【插入】→【页】→【封面】，在内置的封面样式里选择"现代型"，也可以添加其他样式的封面，删除封面上不需要内容

　　(2) 单击【插入】→【文本】→【文本框】→【绘制文本框】，在文本框内输入"公司员工手册"，并设置其字体为华文中宋，字号为小初，颜色为蓝色。

　　(3) 选择文本框，单击【绘图工具】→【形状样式】→【形状轮廓】→【粗细】→【其他线条】，弹出如图 1-4-5 所示的对话框，设置【宽度】为 4.5 磅，【复合类型】为由粗到细，【短划线类型】为方点，【颜色】为蓝色，单击【关闭】按钮。

图 1-4-5 【设置形状格式】对话框

(4) 同理,再插入一个文本框,输入内容"重庆天生有限责任公司"换行输入"2019.7",设置其字体为宋体、四号、加粗,无轮廓。至此,封面制作完成,效果如图 1-4-6 所示。当然我们也可以自己选择做不同的样式。

图 1-4-6 封面效果图

3. 设置标题样式及大纲级别

(1) 单击【开始】→【样式】→【正文】→【修改】,如图 1-4-7 所示。在弹出的对话框中设置字体为宋体,字号为五号,段落缩进为首行缩进 2 字符,行距为单倍行距。单击

【确定】按钮后，整篇文章都变成了正文样式。

图 1-4-7　【正文】→【样式】下拉列表

(2) 单击【开始】→【样式】→【标题 1】→【修改】，如图 1-4-8 所示。在弹出的对话框中设置字体为"黑体、二号、加粗"，段落格式为"居中对齐、段前段后间距 1 行、多倍行距 2.4 行"，大纲级别为 1 级。同理，设置标题 2 的字体为"微软雅黑、三号、加粗"，段落格式为"左对齐、段前段后间距 6 磅、多倍行距 1.7 倍"，大纲级别为 2 级；设置标题 3 的字体为"幼圆、四号"，段落格式为"左对齐、多倍行距 1.7 倍"，大纲级别为 3 级；依此类推。

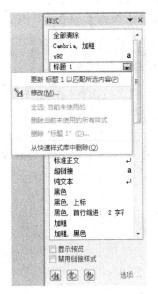

图 1-4-8　【标题 1】→【样式】下拉列表

(3) 选择文字"第一章　总则",单击【开始】→【样式】→【标题 1】,将其设置为标题 1 样式,如图 1-4-9 所示。同理,将形如"第一章、第二章……"样式的文本都应用成"标题 1"样式;将形如"1.1、2.1……"样式的文本都应用成"标题 2"样式;将形如"1.2.1、3.1.1……"样式的文本都应用成"标题 3"样式。可以采用格式刷进行复制各级标题样式。单击【视图】→【显示】→【导航窗格】,一边做一边检查。

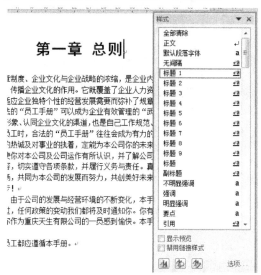

图 1-4-9　设置标题 1 样式

4. 生成目录

(1) 将插入点移到文字"第一章　总则"前面,按 Enter 键,并在样式库里面选择【全部清除】,输入"目录"二字,并设置成"黑体,三号"。

(2) 单击【引用】→【目录】→【插入目录】,弹出如图 1-4-10 所示的【目录】对话框,将【格式】选择"来自模板",【显示级别】为 3,单击【确定】按钮。

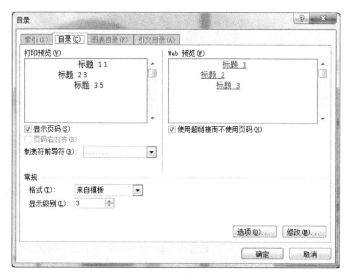

图 1-4-10　【目录】对话框

5. 复杂页眉与页脚的制作

(1) 将插入点移到目录最后或文字"第一章　总则"前面，单击【页面布局】→【页面设置】→【分隔符】→【分节符】→【下一页】，即把文章分为两节，第一节是封面和目录，没有页眉与页脚，第二节是正文，有页眉与页脚，并且奇偶页的页眉与页脚不相同。凡是遇到不同的页面布局都必须分节。

(2) 单击【插入】→【页眉和页脚】→【页眉】→【编辑页眉】，把插入点定位在第二节，单击【页眉和页脚工具】→【导航】→【链接到前一条页眉】，如图 1-4-11 所示，断开与前一节的链接，这样便可单独设置第二节的格式了。

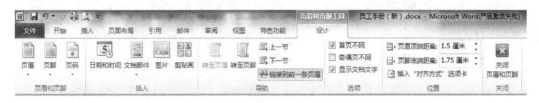

图 1-4-11　【页眉和页脚工具】对话框

(3) 单击【页眉和页脚工具】→【选项】，勾选【奇偶页不同】选项和【显示文档文字】选项，不勾选【首页不同】(这里不需要，今后设置首页不同再勾选它)。同理，单击【页眉和页脚工具】→【页眉和页脚】→【页码】→【设置页码格式】，弹出如图 1-4-12 所示的【页码格式】对话框，【编号格式】选择"1，2，3…"(也可以根据自己需要选择其他的样式)；【页码编号】中的【起始页码】选择"1"，单击【确定】按钮。

图 1-4-12　【页码格式】对话框

(4) 将插入点定位在第 2 节的奇数页页眉左侧处，单击【插入】→【插图】→【形状】→【椭圆】，按住 Shift 键拖动鼠标，画出一个轮廓为蓝色 1.5 磅的圆，在椭圆上单击右键，选择"编辑文字"，单击【页眉和页脚工具】→【页眉和页脚】→【页码】→【当前位置】，即可在椭圆处插入页码；单击【插入】→【文本】→【艺术字】，选择第 4 行第 1 列的样式，输入"CQTS"，拖放至页眉右侧；切换到页脚，在页脚居中位置输入文字"请勿私自张贴"，字体颜色设置为蓝色。

(5) 用相同方法设置偶数页页眉：将插入点定位在第 2 节的偶数页页眉左侧处，输入文本"重庆天生有限责任公司"，字体颜色设置为蓝色。复制奇数页的圆至此处右侧，在圆上再添加两个实心蓝色的小圆。切换到页脚，在页脚居中位置输入文字"仅限内部员工阅读"，字体颜色设置为蓝色。单击【页眉和页脚工具】→【设计】→【关闭页眉和页脚】回到正文编辑状态。

(6) 在目录上单击鼠标右键，出现如图 1-4-13 所示的快捷菜单，在菜单中选择【更新域】，出现如图 1-4-14 所示的对话框，在此选择【只更新页码】选项，单击【确定】按钮。

图 1-4-13　在目录单击右键的快捷菜单　　　图 1-4-14　【更新目录】对话框

6. 保护文档并保存

(1) 单击【审阅】→【保护】→【限制编辑】，出现如图 1-4-15 所示的【限制格式和编辑】窗格，选择【编辑限制】→【仅允许在文档中进行此类型的编辑】→【不允许任何更改(只读)】→【是，启动强制保护】。出现如图 1-4-16 所示的对话框，在【密码】项内的【新密码(可选)】和【确认新密码】选项中进行输入。单击【确定】按钮后即可对文档进行密码保护。

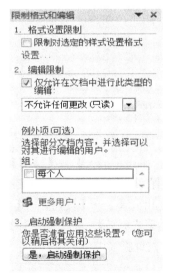
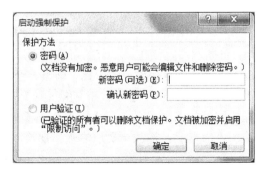

图 1-4-15　【限制格式和编辑】菜单　　　图 1-4-16　【启动强制保护】对话框

(2) 按 Ctrl+S 键再次保存"员工手册.doxc"文件。

任务总结

本任务主要利用样式修改、大纲级别定义、样式应用、目录生成、封面制作，并设置复杂的页眉与页脚等对大文档进行制作。大文档制作比较常见，用途也非常广泛，如论文排版、书籍出版排版、电子出版物排版、工作年报等。

实践演练

《公司战略规划》大文档制作

小芳是市场部小秘书，为了更好地介绍公司的服务与市场战略，她需要协助制作完成公司战略规划文档，并调整文档的外观与格式。现在，请你与她一起，按照如下要求，完成制作工作。

1. 操作要求

(1) 打开"企业规划.docx"文档，将其另存为"公司企业规划.docx"，设置纸张大小为 A4，纸张方向为纵向；并调整上、下边距为 2.4 厘米，左右边距为 3 厘米。

(2) 打开素材文件夹下的"Word_样式标准.docx"文件，将其文档样式库的"标题 1，标题样式一"和"标题 2，标题样式二"复制到"企业规划.docx"文档样式库中。

(3) 将"企业规划.docx"文档中的所有蓝颜色文字段落应用为"标题 1，标题样式一"段落样式。

(4) 将"企业规划.docx"文档中的所有紫颜色文字段落应用为"标题 2，标题样式二"段落样式。

(5) 将文档中出现的全部"软回车"符号(手动换行符)更改为"硬回车"符号(段落标记)。

(6) 修改文档样式库中的【正文】样式，使得文档中所有的正文段落首行缩进 2 个字符，行距为 1.7 倍行距。

(7) 为文档添加页眉，并将当前页中样式为"标题 1，标题样式一"的文字自动显示在页眉居中对齐，在页脚居中处插入"第? 页，共? 页"样式的页脚。

(8) 在文档的第 4 个段落后(标题为"目标"的段落之前)插入一个空段落，并按照下面的数据方式在此空段落中插入表格和折线图图表，将图表的标题命名为"公司业务指标"。

年份	销售额	成本	利润
2015 年	4.5	2.8	1.7
2016 年	7.4	6.3	1.1
2017 年	8.8	4.6	4.2
2018 年	10.7	5.6	5.1

(9) 在正文前面插入目录，并且单独占一页。

(10) 在目录前插入"危险型"封面，添加样张所示的文本内容。完成后，再次保存该文档。

2. 作品效果图

《公司战略规划》大文档制作的作品效果图如图 1-4-17～图 1-4-19 所示。

图 1-4-17　封面效果图

目录

图 1-4-18　目录效果图

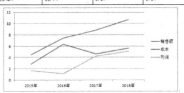

图 1-4-19　正文效果图

任务五　毕业论文排版制作

任务简介

　　毕业设计是教学过程最后阶段采用的一种总结性的实践教学环节。通过毕业设计，学生可以综合应用所学的各种理论知识和技能，进行全面、系统、严格的技术及基本能力的练习。通常情况下，仅对大专以上学校要求在毕业前根据专业的不同进行毕业设计。毕业设计是高等学校教学过程的重要环节之一，目的是总结检查学生在校期间的学习成果，是评定毕业成绩的重要依据；同时，通过毕业设计，也可使学生对某一课题做专门深入系统的研究，巩固、扩大、加深已有知识，培养综合运用已有知识独立解决问题的能力。毕业设计也是学生走上国家建设岗位前的一次重要的实习。小张是本科毕业生，目前正在进行毕业设计，现需要帮他进行毕业论文的排版。

　　本任务的效果如图 1-5-1、图 1-5-2 所示。

图 1-5-1　"毕业论文"封面、目录及图表目录效果图

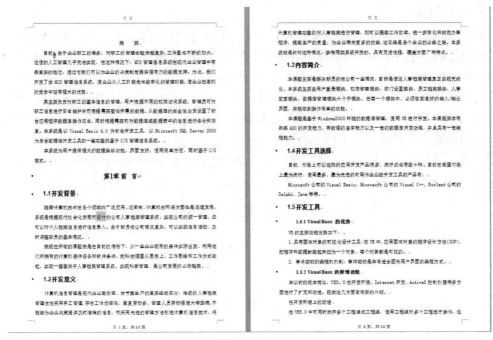

图 1-5-2　"毕业论文"正文各章节效果图

任务目标

了解大文档排版操作步骤，掌握封面的制作、标题样式的修改及应用、多级列表的定义、目录的生成、图表目录的生成、主控文档子控文档的建立、复杂页眉与页脚的生成。

知识链接

➢ 封面设计。

➢ 标题样式修改及应用。

➢ 多级列表定义。

➢ 目录的生成。

➢ 图表目录的生成。

➢ 复杂页眉与页脚：各章节不同，封面目录不同。

操作步骤

1. 页面设置

打开"论文素材.docx"，用 A4 纸单面打印，页面设置为上、下各为 2.5 厘米，左右各为 2.5 厘米，页眉、页脚距边界各为 1.5 厘米。

2. 制作封面

将插入点移到文档首，选择【插入】→【页】→【空白页】，在空白页内照着图 1-5-1 中的样张做以下操作：将"**大学毕业设计"文字设置成黑体小初字；将"题　目"、"学习中心"、"年级专业"、"学生姓名"、"学号"、"指导教师"、"职称"、"导师单位"等文字设置为宋体三号，空白处字体，中文为黑体二号，西文为 Times New Roman 字体；"中国**大学远程与继续教育学院"设置为华文新魏小二号，"论文完成时间"这一整行文字设置为宋体小四号。封面效果如图 1-5-3 所示。

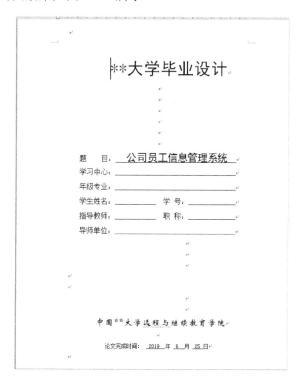

图 1-5-3　封面效果图

3. 设置标题样式及大纲级别

(1) 单击【开始】→【样式】→【正文】→【修改】，在弹出的对话框中设置字体为宋体，字号为小四号，段落缩进为首行缩进 2 字符，行距为 1.5 倍。单击【确定】按钮后，整篇文章都变成了正文样式。

(2) 单击【开始】→【样式】→【标题 1】→【修改】，在弹出的对话框中设置字体为"仿宋、三号、加粗"，段落格式为"居中对齐、首行缩进 0 字符、段前段后间距 0.5 行、行距为多倍行距 2.4 行"，大纲级别为 1 级。同理，设置标题 2 的字体为"宋体、四号、加粗"，段落格式为"左对齐、首行缩进 0 字符、段前段后间距 5 磅、多倍行距 1.7 倍"，大纲级别为 2 级；设置标题 3 的字体为"宋体、小四号、加粗"，段落格式为"首行缩进 0 字符、段前段后 0 磅、行距 1.7 倍"，大纲级别为 3 级。以此类推，可以设置标题 4、标题 5 等。

(3) 单击【开始】→【段落】→【多级列表】→【定义多级列表】，如图 1-5-4 所示。

弹出如图 1-5-5 所示的对话框，单击要修改的级别"1"，【输入编号的格式】内把插入点定位在"1"的前面，不要删除"1"，输入"第"，把插入点移到"1"的后面，输入"章"，在对话框右侧，【将级别链接到样式】中设置为"标题 1"，【要在库中显示的级别】中设置为"标题 1"。用相同的方法设置级别 2 和级别 3，如图 1-5-6 和图 1-5-7 所示。

图 1-5-4　多级列表下拉菜单

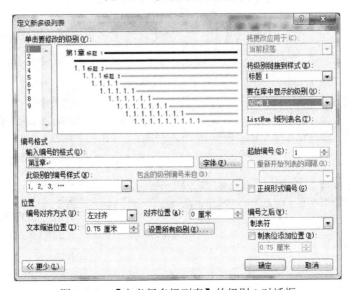

图 1-5-5　【定义新多级列表】的级别 1 对话框

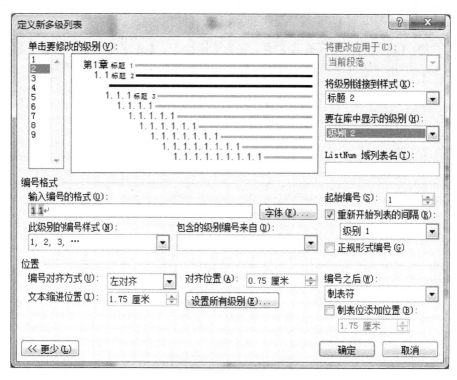

图 1-5-6　【定义新多级列表】的级别 2 对话框

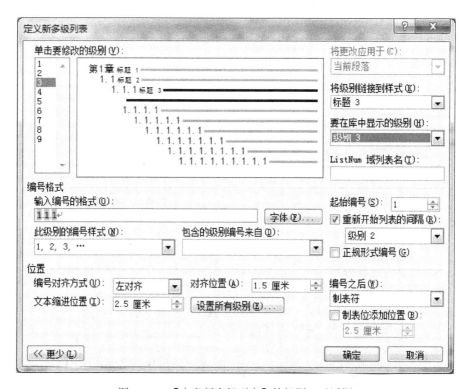

图 1-5-7　【定义新多级列表】的级别 3 对话框

(4) 选择"第 1 章 前言",单击【开始】→【样式】→【标题 1】,将其设置为标题 1 样式。删除前面自带的"第 1 章"字样。同理:将形如"第 2 章、第 3 章…"样式的文本都应用成"标题 1"样式;将形如"1.1、2.1…"样式的文本都应用成"标题 2"样式,同样删除前面自带的"1.1、2.1"字样;将形如"1.2.1、3.1.1…"样式的文本都应用成"标题 3"样式。同样删除前面自带的"1.2.1、3.1.1…"字样。可以采用格式刷进行复制各级标题样式。操作完成后,单击【视图】→【显示】→【导航窗格】,在左边的导航窗格中检查是否设置正确,如有错误,按照以上操作方法设置。

4. 题注的建立

(1) 将插入点移到"2.1.2 产品功能"内的表格处,单击【引用】→【题注】→【插入题注】,弹出如图 1-5-8 所示的【题注】对话框,在该对话框中单击【新建标签】按钮,弹出如图 1-5-9 所示的【新建标签】对话框。在【新建标签】对话框中输入"表"字,单击【确定】按钮回到【题注】对话框。继续在【题注】对话框中单击【编号】按钮,弹出如图 1-5-10 所示的【题注编号】对话框,将【格式】选择为【1,2,3,…】,勾选【包含章节号】单击【确定】按钮。这样自动会在表格的前面显示"表 2-1",删除前面自带的"表 2-1"字样(注意:自己添加的题注样式选择后有灰色底纹,而开始自带的没有灰色底纹,不要删除错了)。把插入点移到文章中每个表的前面,单击【引用】→【题注】→【插入题注】,会自动插入表题注,把表格居中对齐,题注内容设置为"宋体,小五号,居中对齐"。

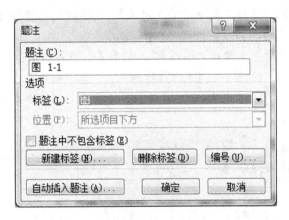

图 1-5-8　【题注】对话框

图 1-5-9　【新建标签】对话框

图 1-5-10　【题注编号】对话框

(2) 同理将插入点移到文章中第一个图片处，单击【引用】→【题注】→【插入题注】→【新建标签】，在弹出的【新建标签】对话框中输入"图"字，单击【确定】按钮回到【题注】对话框。打开【题注编号】对话框，【格式】选择"1，2，3，…"，勾选【包含章节号】单击【确定】按钮。这样自动会在表格的前面显示"图 2-1"，删除前面自带的"图 2-1"字样。把插入点移到文章中第一个图的前面，单击【引用】→【题注】→【插入题注】，会自动插入图题注，把图片居中对齐，并设置题注内容为"宋体，小五号，居中对齐"。

5. 目录的建立

(1) 将插入点移到"摘要"前面，按 Enter 键，输入"目录"二字，并设置成"宋体，20 磅"。

(2) 单击【引用】→【目录】→【插入目录】，在格式框内选择【来自模板】，将显示级别设置为 3，单击【确定】按钮。

(3) 在目录后另起一行，输入"图目录"，单击【引用】→【题注】→【插入表目录】，出现如图 1-5-11 所示的对话框，在【格式】框内选择"来自模板"，【题注标签】选择"图"，单击【确定】按钮，即可插入图目录。同理在图目录的下方，输入标题"表目录"，用同样的方法建立表目录。

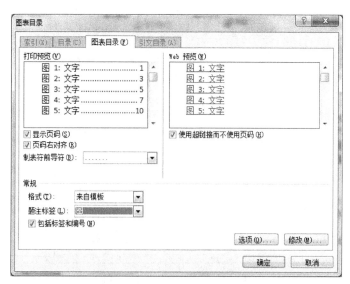

图 1-5-11　【图表目录】对话框

6. 编辑排版论文

在编辑论文这类大文档时，如果将所有的内容都放在一个文档中，则因为文档太大，会占用很大的资源，用户在翻动文档时，速度会变得非常慢从而严重影响工作效率。而如果将文档的各章节分别作为独立的文档，则又无法对整篇文章做统一处理，而且文档过多也容易引起混乱。

使用 Word 的主控文档，是制作长文档的最佳方法。主控文档包含几个独立的子文档。可以用主控文档控制整篇文章或整本书，而把书的各个章节作为主控文档的子文档，这样，在主控文档中，所有的子文档可以当作一个整体，方便快捷地对其进行查看、重新组织、设置格式、校对、打印和创建目录等操作。

(1) 单击【视图】→【文档视图】→【大纲视图】，在【显示级别】处选择"3 级"，如图 1-5-12 所示，原文档将变为 3 级主控文档。

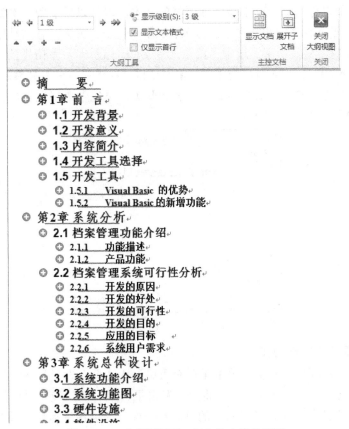

图 1-5-12 大纲视图下 3 级主控文档效果图

(2) 选中"2.3 档案管理需求分析"，单击【视图】→【文档视图】→【大纲视图】→【主控文档】→【创建】，将"2.3 档案管理需求分析"的内容创建成子文档，如图 1-5-13 所示。可以看到，"2.3 档案管理需求分析"放在一个虚线框中，并且在虚线框的左上角显示了一个子文档图标，子文档之间用分节符隔开，可以单独进行编辑。注意：如果文档中已经存在子文档，而且文档中的子文档处于折叠状态，那么【创建子文档】按钮会无效，要使它有效，首先需要单击【展开子文档】按钮。

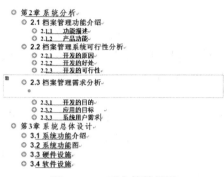

图 1-5-13　子文档效果图

(3) 单击保存按钮，把论文保存下来即可。同时，会自动保存创建的子文档，并且以子文档的第一行文本作为文件名。

(4) 书签是加以标识和命名的位置或选择的文本，以便以后引用。例如，用户可以使用书签来标识需要日后修订的文本。使用【书签】对话框，就无需在文档中上下滚动来定位该文本；书签也可交叉引用。选中"第 3 章系统总体设计"，单击【插入】→【链接】→【书签】，弹出如图 1-5-14 所示的【书签】对话框。在【书签名】处输入"第 3 章"，单击【添加】，即可建立书签。书签名必须以字母开头，可包含数字但不能有空格，也可以用下划线字符分隔，例如"title_1"。

图 1-5-14　【书签】对话框

7. 复杂页眉与页脚的制作

(1) 将插入点移到每章开头，单击【页面布局】→【页面设置】→【分隔符】→【分节符】→【下一页】，即把文章分节，将封面和目录分成一节，没有页眉与页脚，第二节开始是正文，有页眉与页脚，并且每章的页眉不一样，均是各章标题，所以每一章也要分成独立的一节。

(2) 单击【插入】→【页眉和页脚】→【页眉】→【编辑页眉】，把插入点定位在第二节，单击【页眉和页脚工具】→【导航】→【链接到前一条页眉】，断开与前一节的链接，这样就可单独设置第二节的格式了。

(3) 选择【插入】→【文本】→【文档部件】，弹出如图 1-5-15 所示的对话框。【域名】选择【StyleRef】，【样式名】选择【标题 1】，单击【确定】按钮。这样后面各章均加上了各章标题作为页眉。

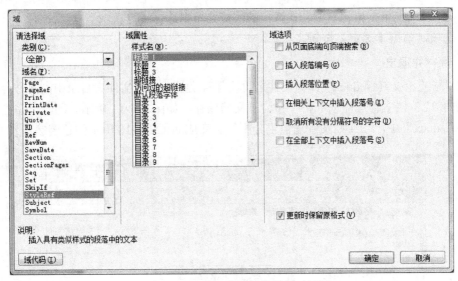

图 1-5-15　文档部件【域】设置对话框

(4) 将插入点定位在页脚，在页脚居中位置单击【插入】→【页眉和页脚】→【页码】→【当前位置】→【加粗显示的数字】，如图 1-5-16 所示，在第一个"1"前面输入"第"，后面输入"页"，再输入"，共"，光标定位在第二个"1"后面输入"页"即变成"第 1 页，共 25 页"。关闭【页眉与页脚视图】，返回正文编辑状态。

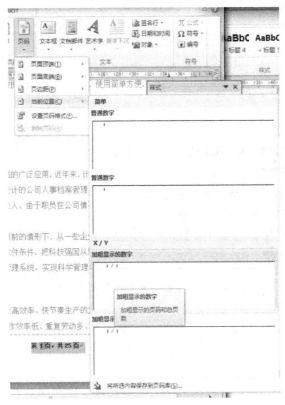

图 1-5-16　插入页脚下拉菜单

(5) 在目录上单击鼠标右键，在弹出的快捷菜单中选择【更新域】，然后选择【只更新页码】选项，单击【确定】按钮。

8. 保存并退出

用"毕业论文终稿.docx"作为文件名再次保存文档。在此文件夹目录中，同时会把刚才建立的"2.3 档案管理需求分析"作为子文档保存，如图 1-5-17 所示。同时，在"毕业论文终稿.docx"中，"2.3 档案管理需求分析"会变成如图 1-5-18 所示的超链接。

图 1-5-17　子文档保存效果图

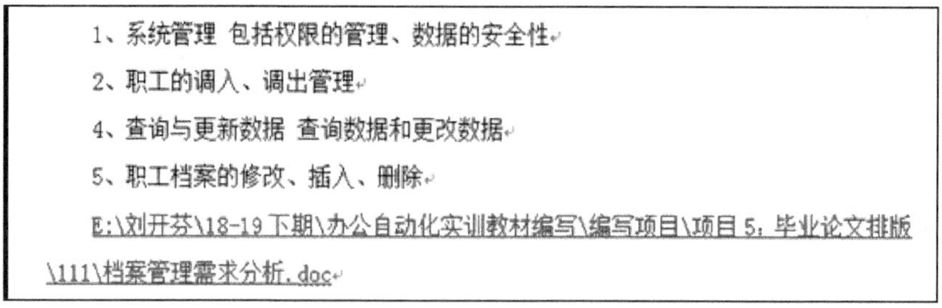

```
1、系统管理  包括权限的管理、数据的安全性。
2、职工的调入、调出管理。
4、查询与更新数据  查询数据和更改数据。
5、职工档案的修改、插入、删除。
E:\刘开芬\18-19 下期\办公自动化实训教材编写\编写项目\项目 5：毕业论文排版
\111\档案管理需求分析.doc
```

图 1-5-18　子文档在主文档显示的效果图

任务总结

本任务主要利用样式修改、定义大纲级别、定义多级列表、样式应用、生成目录、主文档与子文档制作、标签制作、封面制作，并设置复杂的页眉与页脚等对大文档进行制作。大文档制作比较常见，比如论文排版、书籍出版排版、电子出版物排版、产品说明书等。

实践演练

《供应链中的库存管理研究》论文排版

2018 级企业管理专业的张小兰同学选修了"供应链管理"课程，并撰写了题目为"供应链中的库存管理研究"的课程论文。论文的排版和参考文献还需要进一步修改，根据以下要求，帮助张小兰对论文进行完善。

1. 操作要求

(1) 打开"Word 素材.docx"文档，为论文创建封面，将论文题目、作者姓名和作者专业放置在文本框中，并居中对齐；文本框的环绕方式为四周型，在页面中的对齐方式为左右居中。在页面的下侧插入图片"实训大楼.jpg"，自动换行为"浮于文字上方"，并应用一种映像效果。整体效果可参考示例文件"封面效果.docx"。

(2) 对文档内容进行分节，使得"封面""目录""图表目录""摘要""1.引言""2.库存管理的原理和方法""3.传统库存管理存在的问题""4.供应链管理环境下的常用库存管理方法""5.结论""参考书目"和"专业词汇索引"各部分的内容都位于独立的节中，且每节都从新的一页开始。

(3) 修改文档中样式为"正文文字"的文本，使其首行缩进 2 字符，段前和段后的间距为 0.5 行；修改"标题 1"样式，将其自动编号的样式修改为"第 1 章，第 2 章，第 3 章，…"；修改标题 2.1.2 下方的编号列表，使用自动编号，样式为"1)、2)、3)、…"；复制考生文件夹下"项目符号列表.docx"文档中的"项目符号列表"样式到论文中，并应用于标题 2.2.1 下方的项目符号列表。

(4) 将文档中的所有脚注转换为尾注，并使其位于每节的末尾；在"目录"节中插入"优雅"格式的目录，替换"请在此插入目录！"文字；目录中需包含各级标题和"摘要""参考书目"以及"专业词汇索引"，其中"摘要""参考书目"和"专业词汇索引"在目录中需和标题 1 同级别。

(5) 使用题注功能，修改图片下方的标题编号，以便其编号可以自动排序和更新，在"图表目录"节中插入格式为"正式"的图表目录；使用交叉引用功能，修改图表上方正文中对于图表标题编号的引用(已经用黄色底纹标记)，以便这些引用能够在图表标题的编号发生变化时可以自动更新。

(6) 在文档的页脚正中插入页码，要求封面页无页码，目录和图表目录部分使用"Ⅰ、Ⅱ、Ⅲ、…"格式，正文以及参考书目和专业词汇索引部分使用"1、2、3、…"格式。

(7) 删除文档中的所有空行。将其以"论文排版.docx"为文件名进行保存。

2. 作品效果图

作品封面及目录与正文效果图分别如图 1-5-19 和图 1-5-20 所示。

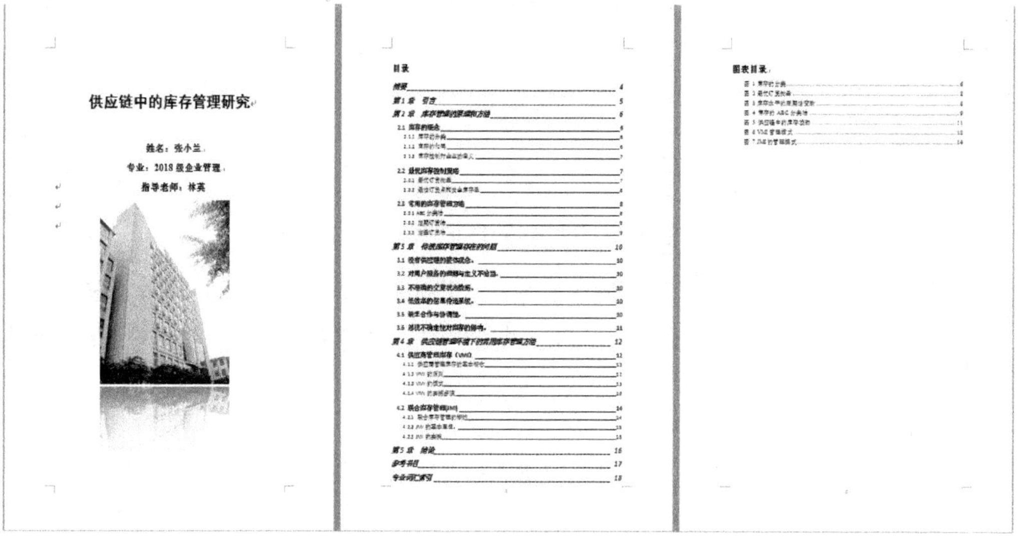

图 1-5-19　封面及目录效果图

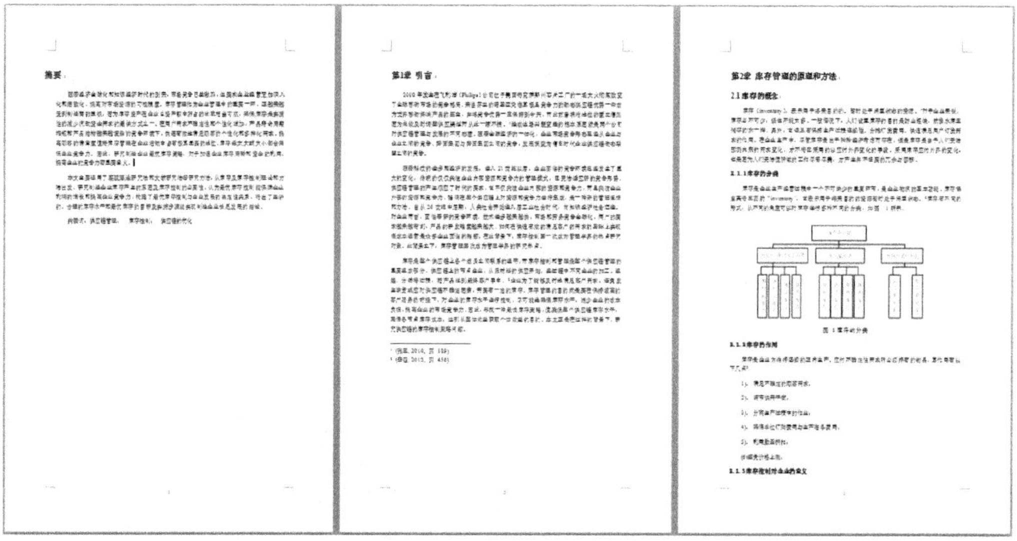

图 1-5-20　正文效果图

实训项目二　Excel 电子表格

 项目分析

Excel 具有强大的电子表格处理功能，它可以处理实际工作和生活中的很多问题，有很强的实用性。在日常工作中，我们常会有大量的信息录入、统计等数据处理工作，通过 Excel 软件可以节约大量的计算、统计、分析数据的时间，大大地减轻工作量，提高工作效率。

本项目需要完成以下任务：

(1) 人均消费统计表制作。

(2) 期末成绩分析表制作。

(3) 车库收费情况统计表制作。

(4) 教师档案管理。

(5) 公司图书销售数据统计分析表制作。

(6) 全国人口普查数据统计分析表制作。

(7) 员工工资及奖金发放表制作。

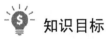 知识目标

(1) 掌握数据表格的编排与修改，包括单元格、工作表、工作簿。

(2) 熟练掌握图表的建立与应用。

(3) 重点掌握常用公式、函数的应用。

(4) 掌握数据处理方法：排序、筛选、分类汇总、合并计算、数据透视表。

(5) 理解工作簿、工作表的保护，文档的修订。

 能力目标

能够进行数据表格的基本操作，能掌握常用函数、日期函数、统计函数、会计函数等，能够进行排序、筛选、分类汇总、合并计算、分类汇总、数据透视表等数据处理，并能将以上知识点进行综合运用。

任务一　人均消费统计表制作

任务简介

Excel 2010 应用非常广泛，是 Office 2010 办公软件系列中专门用来进行数据处理和分析的组件之一。办公人员可以用它来制作和管理各种人事档案、统计和管理各种库存物品资料；财务人员可以用它进行财务统计和分析；证券人员可以用它来管理证券交易的各类表格和图表分析……

李娜的妈妈在统计局上班，现需对各大中城市人均消费情况做统计，但由于个人欠缺 Excel 表格数据处理能力，故让李娜代为完成。要求利用 Excel 创建人均消费统计表，为创建的表格设置单元格格式、完成计算；对特殊数据进行突出显示；创建图表并完成页面设置方便打印输出。

本任务的数据及完成效果如图 2-1-1 和图 2-1-2 所示。

	A	B	C	D	E	F	G
1			大中城市人均消费统计表				
2	地区	城市	食品	服装	日常生活用品	耐用消费品	消费总额
3	东北	沈阳	89.5	97.7	91	93.3	¥ 371.50
4	东北	哈尔滨	90.2	98.3	92.1	95.7	¥ 376.30
5	东北	长春	85.2	96.7	91.4	93.3	¥ 366.60
6	华北	天津	84.3	93.3	89.3	90.1	¥ 357.00
7	华北	唐山	82.7	92.3	89.2	87.3	¥ 351.50
8	华北	郑州	84.4	93	90.9	90.07	¥ 358.37
9	华北	石家庄	82.9	92.7	89.1	89.7	¥ 354.40
10	华东	济南	85	93.3	93.6	90.1	¥ 362.00
11	华东	南京	87.35	97	95.5	93.55	¥ 373.40
12	西北	西安	85.5	89.76	88.8	89.9	¥ 353.96
13	西北	兰州	83	87.7	87.6	85	¥ 343.30

消费统计表　消费数据分析　消费水平图

图 2-1-1　"消费数据分析"工作表效果图

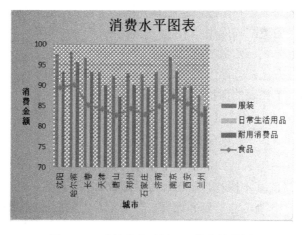

图 2-1-2　"消费水平图"工作表效果图

任务目标

本任务要求学生掌握 Excel 的基本操作：格式设置、工作表操作、图表设置及页面布局设置。通过本项目操作，能达到熟练掌握并运用 Excel 表格处理数据。

知识链接

➢ 格式化设置：字体、单元格格式、条件格式、表格样式。
➢ 工作表编辑：添加删除、标签颜色、移动复制、工作表保护。
➢ 图表设置：图表类型、图表格式化。
➢ 页面布局：打印区域、纸张大小、页边距、页眉页脚、标题行重复。

操作步骤

1. 创建 Excel 工作簿

(1) 双击打开素材文件"人均消费统计表(素材).xlsx"。

(2) 单击【文件】→【另存为】，弹出【另存为】对话框。

(3) 在【保存位置】列表中单击【计算机】选择 E 盘，在【文件名】文本框中修改文件名为"人均消费统计表"，【保存类型】列表中保留原设置"Excel 工作簿(*.xlsx)"，单击【保存】按钮。

2. 工作表格式化

(1) 单击 Sheet1 工作表，选择 A1:G1 单元格区域，单击【开始】→【对齐方式】→【合并后居中】；单击【开始】→【样式】，单击【单元格样式】下拉按钮，如图 2-1-3 所示，选择应用【标题】样式；单击【开始】→【单元格】→【格式】下拉列表按钮，如图 2-1-4 所示，选择【行高】，在弹出的对话框中输入行高的值为 35 磅。

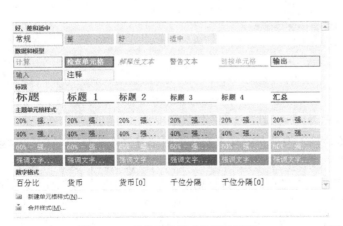

图 2-1-3 "单元格样式"下拉列表　　　　图 2-1-4 "格式"下拉列表

(2) 选择 A2：G2 单元格区域，单击【开始】→【样式】，单击【单元格样式】下拉按钮，选择【强调文字颜色 4】样式；单击【开始】→【单元格】→【格式】→【行高】，设置行高为 25 磅。

(3) 选择 A3:G13 单元格区域，单击【开始】→【字体】功能组，设置单元格格式为宋体 14 磅，填充如图 2-1-5 所示的【橙色，强调文字颜色 6，淡色 80%】底纹。

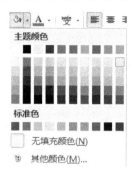

图 2-1-5　"填充颜色"下拉列表

(4) 选择 A2:G13 单元格区域，单击【开始】→【对齐方式】→【居中】，进行居中对齐；单击【开始】→【字体】→【边框】列表中的【其他边框】，打开【设置单元格格式】对话框，如图 2-1-6 所示,在【边框】选项卡中的【样式】中选择粗实线，在【颜色】列表中选择黑色，单击【外边框】按钮；在【样式】中选择细实线，在【颜色】列表中选择绿色，单击【内部】按钮，再单击【确定】按钮。

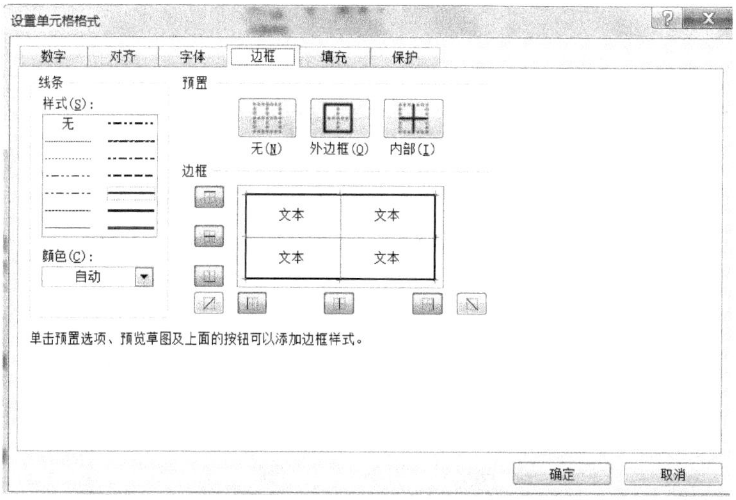

图 2-1-6　"设置单元格格式"对话框

双击 Sheet1 工作表标签，输入"消费统计表"并按回车键修改工作表名称；右键单击"消费统计表"工作表，选择【移动或复制】，打开【移动或复制工作表】对话框；如图 2-1-7 所示，选择【下列选定工作表之前】→【(移动至最后)】，勾选【建立副本】复选框，点击【确定】按钮，在"消费统计表"工作表后建立"消费统计表(2)"工作表；双击"消费统计表(2)"工作表名称，输入"消费数据分析"按回车键修改工作表名称。右键单击"Sheet2"，选择【删除】，删除 Sheet2 工作表。用相同的方法删除 Sheet3 工作表。

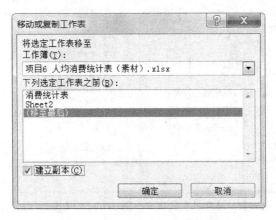

图 2-1-7 【移动或复制工作表】对话框

3. 计算"消费总额"

(1) 打开"消费数据分析"工作表，选择 G3 单元格，单击【公式】→【函数库】→【自动求和】，在 G3 单元格即显示函数公式"=sum(C3:F3)"，点击【编辑栏】左侧的输入按钮 ✓。

(2) 拖动 G3 单元格右下角的填充柄(鼠标指针形状为"✚")到 G13 单元格，完成公式复制。

(3) 选择 G3:G13 单元格区域，单击【开始】→【数字】→【设置单元格格式】对话框，选择【数字】选项卡的【分类】→【会计专用】，【小数位数】为默认值"2"，单击【确定】按钮。

4. 设置条件格式

(1) 选择 G3:G13 单元格区域，单击【开始】→【样式】→【条件格式】→【项目选取规则】→【值最大的 10 项…】，如图 2-1-8 所示；打开【10 个最大的项】对话框，如图 2-1-9 所示，把左侧数字框中的项目数修改为"1"，在【设置为】下拉列表中选择【自定义格式...】选项，弹出【设置单元格格式】对话框；如图 2-1-10 所示，选择【字体】选项卡，设置字形为加粗，颜色为红色，选择【填充】选项卡，如图 2-1-11 所示，设置填充颜色为黄色，单击【确定】按钮。

图 2-1-8 【项目选取规则】级联菜单

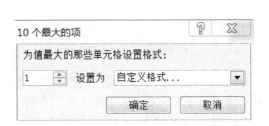

图 2-1-9 【10 个最大的项】对话框

图 2-1-10 【设置单元格格式】→【字体】选项卡   图 2-1-11 【设置单元格格式】→【填充】选项卡

(2) 选择 G3:G13 单元格区域，单击【开始】→【样式】→【条件格式】→【项目选取规则】→【值最小的 10 项】，打开【10 个最小的项】对话框，把项目数修改为"1"，在【设置为】下拉列表中选择【自定义格式…】选项；在打开的【设置单元格格式】对话框中选择【字体】选项卡，设置字形为加粗，颜色为紫色；选择【填充】选项卡，设置填充颜色为红色，单击【确定】按钮。

5. 创建"消费水平图表"

(1) 插入图表：选择 B3:F13 单元格区域，单击【插入】→【图表】→【柱形图】→【簇状柱形图】，出现默认设置的图表。

(2) 改变数据系列的图表类型：选择"食品"列，单击【图表工具】→【设计】→【更改图表类型】，弹出【更改图表类型】对话框，如图 2-1-12 所示，选择【折线图】类型中的【带数据标记的折线图】，单击【确定】按钮。

图 2-1-12 【更改图表类型】对话框

(3) 图表背景填充：选择"绘图区"，单击【图表工具】→【格式】→【形状样式】→【形状填充】→【纹理】→【其他纹理】，打开【设置绘图区格式】对话框，如图 2-1-13 所示，选择【填充】→【图案填充】→【球体】，单击【关闭】按钮；选择"图表区"，单击【图表工具】→【格式】→【形状样式】→【形状填充】→【渐变】→【其他渐变】，打开【设置图表区格式】对话框，如图 2-1-14 所示，选择【渐变填充】，【预色颜色】选择【雨后初晴】，【方向】选择【线性向右】，单击【关闭】按钮。

图 2-1-13　【设置绘图区格式】对话框　　　　图 2-1-14　【设置图表区格式】对话框

(4) 添加图表标题：选择图表，单击【图表工具】→【布局】→【标签】→【图表标题】→【图表上方】，出现默认图表标题，单击进入文本编辑状态，修改图表标题为"消费水平图表"；单击【标签】→【坐标轴标题】→【主要横坐标轴标题】→【坐标轴下方标题】，出现默认横坐标轴标题，单击进入文本编辑状态，修改标题名为"城市"；单击【标签】→【坐标轴标题】→【主要纵坐标轴标题】→【竖排标题】，出现默认纵坐标轴标题，单击进入文本编辑状态，修改标题名为"消费金额"，完成效果如图 2-1-2 所示。

(5) 改变图表位置：选择图表，单击【图表工具】→【设计】→【移动图表】，弹出【移动图表】对话框，如图 2-1-15 所示，选择【新工作表】，将默认的图表工作表名称"Chart1"改为"消费水平图"，单击【确定】按钮，在"消费数据分析"工作表左侧即出现"消费水平图"工作表；单击"消费水平图"工作表名称，往右拖动，把"消费水平图"工作表移到工作表标签栏右侧。

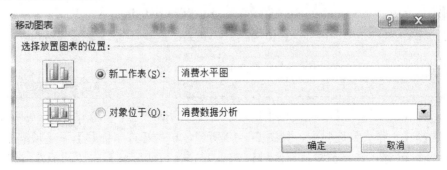

图 2-1-15　【移动图表】对话框

6. 工作表页面布局设置

(1) 单击"消费数据分析"工作表，选择【页面布局】→【页面设置】→【页面】→【纸张大小】→【A4】；选择【方向】→【纵向】。

(2) 单击【页面布局】→【页面设置】组启动器，打开【页面设置】对话框，如图 2-1-16 所示，选择【页边距】选项卡，设置【上】、【下】、【左】、【右】页边距均为"2.5"，【页眉】、【页脚】页边距为"1.8"，勾选【居中方式】中的【水平】选项。

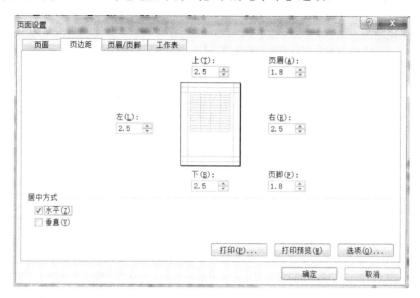

图 2-1-16　【页面设置】→【页边距】选项卡

(3) 单击【页眉/页脚】选项卡，选择【页脚】下拉列表中的【第 1 页，共 ? 页】选项，单击【自定义页脚】按钮，打开【页脚】对话框，如图 2-1-17 所示，单击【左】文本输入框，输入文本"制表人：某某"，单击【右】文本输入框，输入文本"制表时间："，单击日期按钮，单击【确定】按钮。

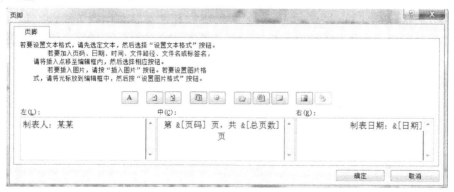

图 2-1-17　【页脚】对话框

(4) 选择【工作表】选项卡，如图 2-1-18 所示，单击【打印标题】→【顶端标题行】右边的折叠按钮，选择重复打印区域$1:$2；单击【打印区域】右边的折叠按钮，选择打印区域 A1:G13，单击【确定】按钮。

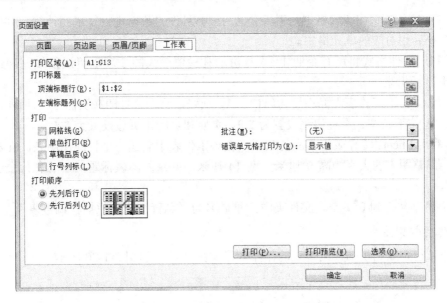

图 2-1-18　【页面设置】→【工作表】选项卡

任务总结

本任务旨在让我们熟练掌握如何美化工作表、设置条件格式突出显示特定数据、工作表的页面格式设置及如何创建并修饰图表，其在日常办公中应用非常广泛。

实践演练

制作私营企业利税抽样调查表

林枫在一家信息处理公司工作，专门负责数据统计分析工作，领导交代其对部分城市私营企业 1～4 月份的利税情况做抽样调查，并将调查结果以表格和图表的形式呈报主管。

1. 操作要求

(1) 打开"私营企业利税抽样调查表(素材).xlsx"文件，在文件中插入新工作表，并重命名为"抽样调查表"，将 Sheet1 工作表中的内容复制到该工作表中。

(2) 将"抽样调查表"工作表中表格的标题单元格(A1)的名称定义为"抽样调查"。

(3) 将 Sheet1 工作表中表格标题区域 A1:G1 设置为"合并居中"格式，将其字体设置为隶书，字号为 18 磅，将行高设置为 25；将表头行(A2:G2 单元格区域)第 1、2 行(A3:B9 单元格区域)的字体均设置为楷体_GB2312、14 磅。

(4) 为工作表填充底纹，颜色及样式自由设置。

(5) 自动调整 Sheet1 工作表中表格的列宽为最适合列宽，将表格中数据区域设置为水平居中样式。

(6) 在 Sheet1 工作表表格中，对各公司 1～4 月份的数据进行行求和计算，并填入到"总计"一列相对应的单元格中。

(7) 利用条件格式将所有企业 1～4 月份的利税值最大的 3 项以"浅红填充深红色文本"突出显示出来。

(8) 将 Sheet1 工作表页面设置为纵向、A4 纸张，将内容打印在页面中央(横向、纵向均居中)，上、下、左、右页边距设置为 2.0，页眉和页脚距页边设置为 1.5。

(9) 利用 Sheet1 工作表中相应的数据，在该工作表中创建一个折线图图表。在右侧显示图例，调整图表的大小为高 9 厘米、宽 14 厘米，并录入图表标题文字"私营企业利税折线图"。

(10) 另存文件到 E 盘个人文件夹中，重命名为"私营企业利税抽样调查表"。

2. 作品效果图

制作私营企业利税抽样调查表的作品效果如图 2-1-19 和图 2-1-20 所示。

	A	B	C	D	E	F	G
1	私营企业利税抽样调查表（单位：万元）						
2	公司名称	所在城市	1月份	2月份	3月份	4月份	总计
3	德银物业	郑州	587	487	785	659	2518
4	惠民搬运	广州	875	578	547	950	2950
5	园苑房产	广州	687	658	658	854	2857
6	新地广告	北京	497	985	698	657	2837
7	达利营销	郑州	587	875	598	357	2417
8	拓展房产	北京	876	781	562	741	2960
9	佳景房产	郑州	785	852	213	963	2813

Sheet1　Sheet2　抽样调查表

图 2-1-19　Sheet1 工作表效果图

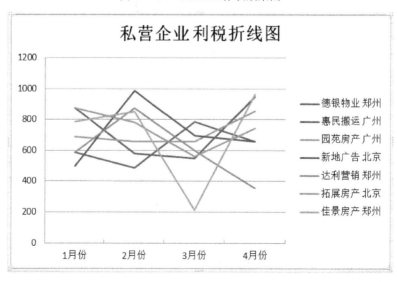

图 2-1-20　"私营企业利税折线图"图表

任务二　期末成绩分析表制作

任务简介

用 Excel 制作的表格往往有大量的数据需要计算和统计，如求销售业绩的总和、平均值、排名；学生成绩的最高分、最低分等。Excel 2010 具有非常强的计算和统计功能，从简单的四则运算，到复杂的财务计算、统计分析，都能轻松解决。

张霞同学在某大学法学系实习，在期末时需要对法律专业学生的期末成绩进行总体分析。要求利用函数计算出每位同学期末各科考试的总分、平均分，分析全年级各科各分数段的人数、总分、平均分、最高和最低分、应缺考和补考人数等；制作全年级成绩分析图表。

本任务的主要数据及格式效果如图 2-2-1～图 2-2-4 所示。

2018级法律专业学生期末成绩分析表

班级	学号	姓名	英语	体育	计算机	近代史	法制史	刑法	民法	法律英语	立法法	总分	平均分	名次	等级
1班	1201001	潘志■	76.1	82.8	76.5	75.8	87.9	76.8	79.7	83.9	88.9	728.4	80.9	77	良
1班	1201002	蒋文■	68.5	88.7	78.6	69.6	93.6	87.3	82.5	81.5	89.1	739.4	82.2	64	良
1班	1201003	苗超■	72.9	89.9	83.5	73.1	88.3	77.4	82.5	87.4	88.3	743.3	82.6	57	良
1班	1201004	阮军■	81	89.3	73	71	89.3	79.6	87.4	90	86.6	747.2	83.0	50	良
1班	1201005	邢尧■	78.5	95.6	66.5	67.4	84.6	77.1	81.1	83.6	88.6	723	80.3	84	良
1班	1201006	王圣■	76.8	89.6	78.6	80.1	81.8	79.7	83.2	87.2	740.6		82.3	61	良
1班	1201007	焦宝■	82.7	88.2	80	80.8	93.2	84.2	82.1	88.5	762.5		84.7	31	良
1班	1201008	翁建■	80	80.1	77.2	74.4	91.6	70.1	82.5	84.4	90.6	730.9	81.2	75	良
1班	1201009	张志■	76.6	88.7	72.3	71.6	85.6	71.8	80.4	76.5	90.3	713.8	79.3	93	中
1班	1201010	李帅■	82	80	68	80	82.6	78.8	75.5	80.9	87.6	715.4	79.5	91	中
1班	1201011	王帅	67.5	70	83.5	77.2	83.6	68.4	80.4	76.5	88.5	695.6	77.3	96	中
1班	1201012	乔泽■	86.3	84.2	90.5	80.8	86.6	82.8	87.4	85.1	91.7	775.4	86.2	16	良
1班	1201013	钱超■	75.4	86.2	89.1	71.7	88.6	77.1	77.6	87.8	86.4	739.9	82.2	63	良
1班	1201014	陈称■	75.7	53.4	77.2	74.4	87.3	75.1	82.5	73	87.9	686.5	76.3	97	中
1班	1201015	盛■	87.6	90.6	82.1	87.2	92.6	84.1	83.2	88.6	90.7	786.7	87.4	8	良
1班	1201016	王佳■	79.4	91.9	87	77.3	93.6	75.1	81.8	94.6	87.8	768.5	85.4	26	良
1班	1201017	史二■	85.2	86.8	93.5	76.6	89.6	83.8	81.1	88.1	90.4	775.1	86.1	18	良
1班	1201018	王晓■	83.1	88.1	86.3	87.2	86	85	83.2	92.9	91.4	785.8	87.3	10	良

图 2-2-1　"2018 级法律专业学生期末成绩分析表"效果图(部分)

单科成绩各分数段人数统计表

分数段	英语	体育	计算机	近代史	法制史	刑法	民法	法律英语	立法法
0-59	1	3	1	1	0	0	4	0	0
60-69	4	0	13	5	2	5	0	2	0
70-79	31	4	37	52	16	35	33	8	0
80-89	57	66	36	39	64	59	62	65	68
90-100	7	27	13	3	18	3	1	25	32

图 2-2-2　"单科成绩各分数段人数统计表"效果图

2018级法律专业各班总分成绩分析表

班级	人数	总分	平均分	最高分	最低分	年级排名前10的人数
1班	25	18742.3	749.7	786.7	686.5	3
2班	25	19010.9	760.4	802.5	722	3
3班	25	18486.9	739.5	804.6	638.3	2
4班	25	18523.9	741.0	802.8	704	2

图 2-2-3　"2018 级法律专业各班总分成绩分析表"效果图

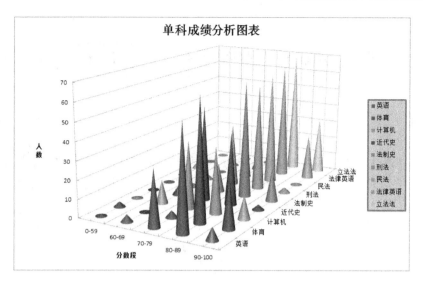

图 2-2-4 "单科成绩分析图表"效果图

任务目标

本任务要求学生理解并掌握单元格地址的引用、常用函数的功能及使用；熟练掌握图表的创建及图表格式化操作，灵活运用图表处理实际问题。

知识链接

➤ 公式与函数的构成及规则。

➤ 单元格地址的引用：相对引用、绝对引用、混合引用。

➤ 函数运用：INT()、MID()、SUM()、AVERAGE()、IF()、RANK.EQ()、MAX()、MIN()、COUNTIF()、COUNTIFS()、SUMIF()、AVERAGEIF()。

操作步骤

1. 创建 Excel 工作簿

(1) 双击打开素材文件"期末成绩分析表(素材).xlsx"。

(2) 单击【文件】→【另存为】，弹出【另存为】对话框。

(3) 在【保存位置】列表中单击【计算机】选择 E 盘，在【文件名】文本框中修改文件名为"期末成绩分析表"，【保存类型】列表中保留原设置"Excel 工作簿(*.xlsx)"，单击【保存】按钮。

2. 数据有效性设置

(1) 选择 D~L 列单元格，单击【数据】→【数据工具】→【数据有效性】，弹出【数据有效性】对话框；如图 2-2-5 所示，在【设置】选项卡的【允许】中选择"小数"，在【最小值】中输入"0"，在【最大值】中输入"100"。

图 2-2-5 【数据有效性】对话框【设置】选项卡

(2) 选择【输入信息】选项卡，如图 2-2-6 所示，在【输入信息】中输入"请输入 100以内的小数！"；选择【出错警告】选项卡，如图 2-2-7 所示，在【样式】中选择"警告"，在【标题】中输入"输入数据错误"，在【错误信息】中输入"成绩应为 100 以内数值！"，单击【确定】按钮。

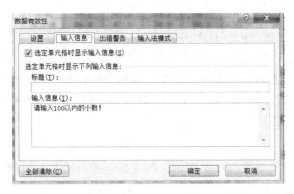

图 2-2-6 【数据有效性】对话框【输入信息】选项卡

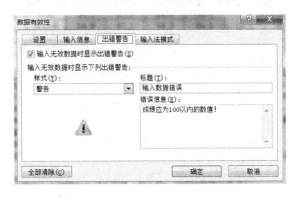

图 2-2-7 【数据有效性】对话框【出错警告】选项卡

(3) 数据有效性检验：当在 D~L 列输入的数据不是 100 以内的小数时，会出现如图2-2-8 所示的出错警告信息，提示以便检查数据输入的错误，检查后按【是】按钮继续，按【取消】清除所输入的内容。

英语	体育	计算机	近代史	法制史	刑法
900	87	83.5	68.8	73.5	80.4
87	3	81.4	71.7	85	82.5
79	8	92.7	85.1	94.4	88.7
73		80.7	73.1	84.9	81.8

图 2-2-8　"数据有效性"效果检验

❖　相关知识

> "数据有效性"用于规范允许在单元格中输入或必须在单元格上输入的数据格式及类型。通过"数据有效性"设置，可以避免输入错误，在用户输入错误时会进行提示，帮助更正错误。

3. 格式化工作表

(1) 合并 A1:P1 单元格，设置文字为宋体加粗 18 磅；选择 A2:P2 单元格，设置文字为黑体 14 磅；合并 R1:AA1 单元格，设置文字为宋体加粗 18 磅；合并 R9:X9 单元格，设置文字为宋体加粗 16 磅。

(2) 分别选择 A2:P102、R2:AB17、R10:X14，单击【开始】→【字体】→【边框】列表中的【其他边框】，打开【设置单元格格式】对话框，在【边框】选项卡中的【样式】中选择 "粗实线"，在【颜色】列表中选择 "黑色"，单击【外边框】按钮；在【样式】中选择 "细实线"，在【颜色】列表中选择 "黑色"，单击【内部】按钮，然后单击【确定】按钮。

4. 期末成绩分析表计算

(1) 提取学生班级：选择 A3 单元格，单击【公式】→【函数库】→【插入函数】，打开【插入函数】对话框，如图 2-2-9 所示，在【或选择类别】下拉列表中选择 "数学与三角函数"，在【选择函数】下拉列表中选择向下取整函数 "INT"，单击【确定】按钮；在 "INT" 函数的【函数参数】对话框【Number】中输入 "MID(B3,3,2)" 单击【确定】按钮；双击 A3 单元格进入编辑模式，在公式最后输入 "&"班""，按回车键即可。

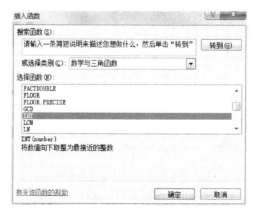

图 2-2-9　"INT"函数插入对话框

(2) 选择 A3 单元格，拖动右下角填充柄到 A102 单元格，所有学生的班级由填充柄复制函数计算出来。

(3) 计算"总分"：选择 M3 单元格，单击【公式】→【函数库】→【自动求和】，在 M3 单元格自动显示函数"=SUM(D3:L3)"，按回车键确认函数编辑完成。

(4) 计算"平均分"：选择 N3 单元格，单击【公式】→【函数库】→【自动求和】→【平均值】，在 N3 单元格自动显示函数"=AVERAGE(D3:M3)"，鼠标拖动将 D3:M3 区域修改为 D3:L3(默认引用区域为函数所在单元格的左侧数据)，按回车键确认函数编辑完成。

(5) 选择 M、N 两列数据，单击【开始】→【数字】→【设置单元格格式】→【分类】→【数值】，设置【小数位数】为"1"，单击【确定】按钮。

(6) 计算"名次"： 选择 O3 单元格，单击【公式】→【函数库】→【插入函数】，打开【插入函数】对话框，在【或选择类别】下拉列表框中选择"统计"，在【选择函数】下拉列表中选择排名函数"RANK.EQ"，单击【确定】按钮，弹出如图 2-2-10 所示的【函数参数】对话框，在【Number】中输入"M3"，鼠标定位在【Ref】输入框，鼠标拖动选择 M3:M102 区域，再单击 F4 键设置成绝对地址"$M$3:m102"，在【Order】中输入"0"或忽略为空，单击【确定】按钮。

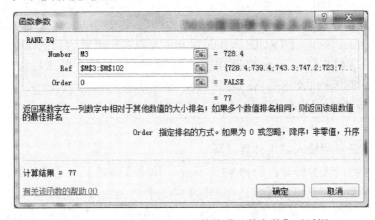

图 2-2-10　"RANK.EQ"函数的【函数参数】对话框

(7) 判断"等级"：选择 P3 单元格，输入"=IF(N3>=90,"优",IF(N3>=80,"良",IF(N3>=70,"中",IF(N3>=60,"及格","不及格"))))"，按回车键确认公式编辑完成。

(8) 选择 M3:P3 单元格区域，拖动右下角填充柄到 M102:P102 单元格，所有学生的总分、平均分、名次、等级由填充柄复制函数计算完成。

　◇　相关知识

> 1. INT 向下取整函数
>
> 语法：INT(number)。
>
> 参数：number 为需要处理的任意一个实数。
>
> 2. MID 提取字符串函数
>
> 语法：MID(text,start_num,num_chars)。
>
> 参数：text 为包含有提取字符的文本串；start_num 为文本中要提取的第一个字符

的位置；num_chars 为从文本中返回字符的个数。

3. SUM 求和函数

语法：SUM(number1,number2,…)。

参数：number1，number2，…为 1 至 255 个需要求和的参数。

4. AVERAGE 求平均值函数

语法：AVERAGE(number1,number2,…)。

参数：number1，number2，…为 1 至 255 个需要求平均值的参数。

5. RANK.EQ 最佳排名函数

语法：RANK.EQ(number,ref,order)。

参数：number 为需要排位的数字；ref 是需要进行排位比较的数据区域，区域地址一定是绝对地址；order 是排位方式，如为 0 或忽略就是降序，如果是非零值就是升序。

6. IF 条件函数

语法：IF(logical_test,value_if_true,value_if_false)。

参数：logical_test 是计算结果为 TRUE 或 FALSE 的任何数值或表达式；value_if_true 是 logical_test 为 TRUE 时函数的返回值，如果 logical_test 为 TRUE 且省略了 value_if_true，则返回 TRUE。value_if_true 可以是一个表达式；value_if_false 是 logical_test 为 FALSE 时函数的返回值，如果 logical_test 为 FALSE 且省略了 value_if_false，则返回 FALSE。value_if_false 也可以是一个表达式。

说明：IF 函数可以嵌套使用，最多可以嵌套 64 层。

5. 单科成绩各分数段人数统计表计算

(1) 0～59 分数段人数统计：选择 S3 单元格，单击【公式】→【函数库】→【插入函数】，在【插入函数】对话框的【或选择类别】中选择"统计"，在【选择函数】中选择条件计数函数"COUNTIF"，单击【确定】按钮；弹出如图 2-2-11 所示的【函数参数】对话框，鼠标定位在【Range】中拖动 D3:D102 区域，在【Criteria】中输入"<=59"，单击【确定】按钮。

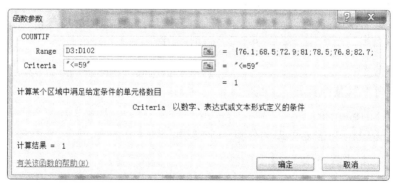

图 2-2-11　"COUNTIF"函数的【函数参数】对话框

(2) 60～69 分数段人数统计：选择 S4 单元格，单击【公式】→【函数库】→【插入函数】(或按快捷键 Shift+F3)，在【插入函数】对话框的【或选择类别】中选择"统计"，在【选择函数】中选择多条件计数函数"COUNTIFS"，单击【确定】按钮；弹出如图 2-2-12 所示的【函数参数】对话框，在【Criteria_range1】中输入"D3:D102"，在【Criteria1】中输入">=60"，在【Criteria_range2】中输入"D3:D102",在【Criteria2】中输入"<70"，单击【确定】按钮。70～79 分数段人数统计、80～89 分数段人数统计方法同上。

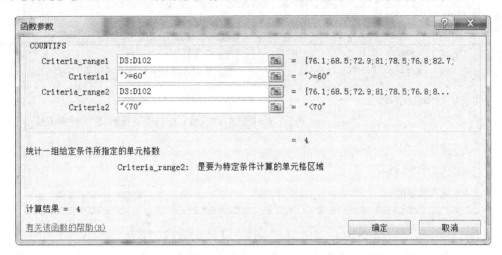

图 2-2-12　"COUNTIFS"函数的【函数参数】对话框

(3) 90～100 分数段人数统计：方法可同 0～59 分数段人数统计，也可同 60～69 分数段人数统计。选择 S7 单元格，在单元格内输入"=COUNTIF(D3:D102,">=90")"或输入"=COUNTIFS(D3:D102,">=90",D3:D102,"<100")"，按回车键确定。

(4) 选择 S3:S7 单元格区域，用填充柄向右填充复制函数至 AA3:AA7 单元格区域，得到其他科目的相关数据。

◇　相关知识

1. COUNTIF 条件计数函数

语法：COUNTIF(Range,Criteria)。

参数：number 为需要处理的任意一个实数。

2. COUNTIFS 多条件计数函数

语法：COUNTIFS(Criteria_range1, Criteria 1,[Criteria_range2,Criterial2]…)。

参数：Criteria_range1 指关联条件的第 1 个单元格区域，为必选项；Criteria 1 指以数字、表达式或文本形式定义的第 1 关联条件，为必选项；[Criteria_range2,Criterial2]…指附加的单元格区域及关联条件，最多可达 127 个，为可选项。

6. 各班总分成绩分析表计算

(1) 选择 S11 单元格，输入函数"=COUNTIF(A$3:A$102，R11)"，并复制公式到 S14 单元格。

(2) 选中 T11 单元格，单击【公式】→【插入函数】,在【插入函数】对话框中找到"SUMIF"

函数单击【确定】按钮，弹出如图 2-2-13 所示的【函数参数】对话框，在【Range】中选择 A3:A102 区域并设置为锁定行的混合地址，在【Criteria】中选择"R11"，在【Sum_range】中选择 M3:M102 区域并设置为锁定行的混合地址，单击【确定】按钮完成计算。复制 T11 单元格公式至 T14 单元格。

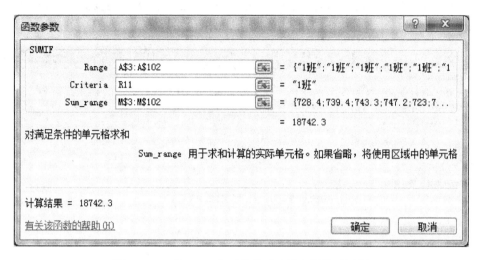

图 2-2-13　"SUMIF"函数的【函数参数】对话框

(3) 选中 U11 单元格，单击【公式】→【插入函数】，在【插入函数】对话框中找到"AVERAGEIF"函数单击【确定】按钮，弹出如图 2-2-14 所示的【函数参数】对话框，在【Range】中选择 A3:A102 区域并设置为绝对地址，在【Criteria】中选择"R11"，在【Sum_range】中选择 M3:M102 区域并设置为绝对地址，单击【确定】按钮完成计算。复制 U11 单元格公式至 U14 单元格。

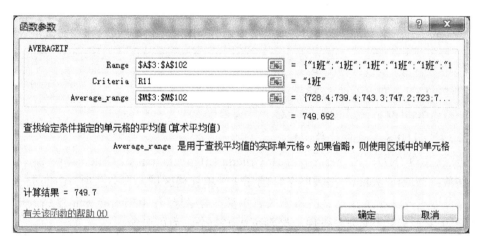

图 2-2-14　"AVERAGEIF"函数的【函数参数】对话框

(4) V11~V14、W11~W14 两列单元格分别使用 MAX()、MIN()函数，利用前面讲述的方法按班级进行分段计算。X11 单元格利用 RANK.EQ()函数计算，完成后复制 X11 单元格公式到 X14 单元格。

✧　相关知识

1. SUMIF 条件求和函数

语法：SUMIF(Range,Criteria,Average_rage)。

参数：Range 为要进行计算的单元格区域；Criteria 为以数字、表达式或文本形式定义的条件；Average_rage 用于求和计算的实际单元格。

2. AVERAGEIF 含条件求平均值函数

语法：AVERAGEIF(Range,Criteria,Average_rage)。

参数：Range 为要进行计算的单元格区域；Criteria 为以数字、表达式或文本形式定义的条件；Average_rage 用于查找平均值的实际单元格。

3. 多个条件的求和、求平均值

含多个条件的求和、求平均值，在原函数的基础上加 S，即 SUMIFS、AVERAGEIFS，操作方法与 SUMIF、AVERAGEIF 类似。

SUMIFS、AVERAGEIFS 操作方法与 COUNTIFS 有相似之处，也有区别，在操作时要善于总结。

7. 单科成绩分析图表创建及美化

(1) 插入图表：选择 R2:AA7 单元格区域，单击【插入】→【图表】→【柱形图】→【三维圆锥图】，出现默认设置的图表，单击【图表工具】→【数据】→【切换行/列】，完成后出现如图 2-2-15 所示的图表。

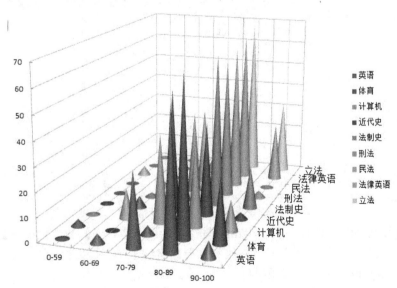

图 2-2-15　初始图表效果图

(2) 设置横坐标轴：右键单击【水平(类别)轴】对象，选择【设置坐标轴格式】，打开【设置坐标轴格式】对话框；如图 2-2-16 所示，在【坐标轴选项】选项卡中，设置【主要刻度线类型】和【次要刻度线类型】为内部，单击【关闭】按钮。

图 2-2-16　横坐标轴的【设置坐标轴格式】对话框

（3）设置纵坐标轴：右键单击【垂直(值)轴】对象，选择【设置坐标轴格式】，打开【设置坐标轴格式】对话框；如图 2-2-17 所示，在【坐标轴选项】选项卡中，设置【主要刻度线类型】为内部，单击【关闭】按钮。

图 2-2-17　纵坐标轴的【设置坐标轴格式】对话框

（4）添加纵网格线：选择图表，单击【图表工具】→【布局】→【坐标轴】→【网络线】→【主要纵网格线】→【主要网格线和次要网格线】；选择图例对象，设置轮廓线为2.25 磅粗的深橄榄色，填充为浅橄榄色。

（5）添加标题：选择图表，单击【图表工具】→【布局】→【标签】→【图表标题】→【图表上方】，出现默认图表标题，单击进入文本编辑状态，修改图表标题为"单科成绩分析图表"；单击【标签】→【坐标轴标题】→【主要横坐标轴标题】→【坐标轴下方标题】，输入标题名为"分数段"；单击【标签】→【坐标轴标题】→【主要纵坐标轴标题】→【竖排标题】，输入标题名为"人数"。

　　(6) 设置绘图区：右键单击【绘图区】对象，选择【三维旋转】，打开【设置绘图区格式】对话框；如图 2-2-18 所示，在【三维旋转】选项卡中，设置【旋转】的【X】为 30°，单击【关闭】按钮；调整绘图区范围为图表标题下方，并覆盖图例区、纵坐标轴标题和横坐标轴标题区域。完成效果如图 2-2-4 所示。

图 2-2-18　【设置绘图区格式】对话框

　　(7) 移动图表：将图表放置到工作表 R19:AD43 单元格区域。

任务总结

　　通过本任务练习，能全面理解单元格地址的引用，掌握如何插入函数、复制函数、运用函数从而达到高效、准确的计算和统计大量的数据。通过对图表的创建及格式化操作，又可使数据得以直观地呈现。

实践演练

入学新生信息统计表制作

　　小胡就职于一所职业学校，现担任班主任助理一职，需对班级新生的入学基本情况做相应统计，要求分析性别、生源地、平均分、男女生人数及投档成绩排位等，并对各省按分数段的人数创建"成绩分析图"。

1. 操作要求

(1) 打开"班级新生统计表(素材)"工作簿文件，将 Sheet1 工作表中表格标题区域

A1:K1、M1:N1 合并居中，字体设置为方正粗黑宋简体、28 磅；将表头行(A2:K2 单元格区域)字体设置为黑体、12 磅；将单元格区域 A3:K26、M2:N6 的字体设置为微软雅黑、11 磅，字体颜色设置为深蓝色。

(2) 自动调整 Sheet1 工作表中表格的行高和列宽，将表格文字设置为水平居中格式。

(3) 为数据表添加黑色细实线边框。

(4) 利用 MID 函数从考生号中提取出生源地代码。考生号中第 3、4 位代表生源地代码。

(5) 利用 IF 函数从身份证号码中提取考生性别。身份证号第 17 位判断性别，单数为男，双数为女。

(6) 用排位函数计算名次；用求和、求平均函数分别计算统计表中新生的总成绩、平均分并保留一位小数；用带条件的统计函数统计男女生的数量；用数字统计函数或数值统计函数统计班级的总人数。

(7) 利用工作表中的姓名、投档成绩列，在该工作表中创建一个分离型三维饼图。设置图表高度 16 厘米、宽度 13 厘米；在底部显示图例，将图表标题设置为“渐变填充-绿色，强调文字颜色 6，内部阴影”的艺术字样式，字体为黑体、18 磅；移动图表至新工作表 Chart1。

(8) 另存到 E 盘，修改文件名为“班级新生统计表.xlsx”。

2. 作品效果图

入学新生信息统计表制作作品效果如图 2-2-19～图 2-2-21 所示。

班级新生统计表

考生号	生源地代码	姓名	性别	毕业学校	联系电话	通讯地址	身份证号
165108036020[redacted]	51	许[redacted]	女	射洪职中	156825162[redacted]	射洪县万隆咱万[redacted]苑	5109221997051626[redacted]
165108036020[redacted]	51	陈[redacted]	男	射洪职中	180483387[redacted]	射洪县职业中专[redacted]校	5109221998090263[redacted]
165104016020[redacted]	51	邓世[redacted]	男	江阳职高	182812349[redacted]	泸州市江阳职[redacted]	5115281997081024[redacted]
165104016020[redacted]	51	段海[redacted]	女	江阳职高	181115205[redacted]	泸州市江阳职[redacted]	5105041998042606[redacted]
16511404602[redacted]1	51	和[redacted]	男	毛坝职业技术学校	135483400[redacted]	宣汉县毛坝职业技[redacted]学校	513022199701084[redacted]
16500132660[redacted]1	50	李[redacted]	男	奉节县职成教育中心	150234374[redacted]	重庆市奉节县朱衣镇[redacted]政局	50023619970424387[redacted]
16500115640[redacted]9	50	梁[redacted]	男	合川盐井中学	188329120[redacted]	重庆市合川区古楼镇摇[redacted]红岩组	50038219971130853[redacted]
16500129640[redacted]8	50	刘[redacted]佳	男	开县职教中心	182235232[redacted]	重庆市开县职业教育[redacted]中心	50023419960330001[redacted]
16500123640[redacted]6	50	刘[redacted]	女	垫江职教中心	157204389[redacted]	重庆市垫江县高峰镇[redacted]荣村	50023119960507528[redacted]
16500115640[redacted]19	50	卢[redacted]	男	合川盐井中学	183321265[redacted]	重庆市合川区燕窝镇[redacted]局	50038219971028907[redacted]
1650011264[redacted]44	50	罗美[redacted]	女	重庆市南州中学	151152182[redacted]1	重庆市綦江区文龙街道[redacted]龙大道	5002221997111143[redacted]
1650010464[redacted]50	50	赵丽[redacted]	女	立信职业教育中心	150232520[redacted]5	重庆市沙坪坝区歌乐山镇[redacted]家湾	5001061998020585[redacted]
1650012964[redacted]78	50	沈[redacted]	男	开县职教中心	158715854[redacted]0	重庆市开县职业教育[redacted]心	5002341998112560[redacted]
1650011364[redacted]14	50	覃[redacted]	男	蜀都职业技术学校	13755567[redacted]1	重庆市渝北区空港[redacted]路	5001121997051376[redacted]
165322011900[redacted]13	53	田[redacted]	男	工商职业技术学校	13883472[redacted]4	云南省曲靖市麒麟区工商[redacted]业技术学校	5303251996071213[redacted]
165301031901[redacted]6	53	张玲玲	女	云南省水利水电学校	158889625[redacted]4	云南省红河州泸西县[redacted]枢镇	5325271998071500[redacted]2
165324221901[redacted]31	53	熊[redacted]	男	江川职中	158087392[redacted]3	云南省江川县江城镇侯[redacted]村委会	5304211997042107[redacted]7
165301031900[redacted]6	53	刘[redacted]	女	盘龙区高级职业中学	153682507[redacted]8	盘龙区大树营市政小区[redacted]中营村	5301281998090503[redacted]4
165321241900[redacted]0	53	杨[redacted]	男	盐津县职业中学	183817316[redacted]	云南省昭通市盐津县兴隆乡[redacted]村李子坪社	5321241996032007[redacted]8

图 2-2-19　“班级新生统计表”效果图

	M	N
1	情况分析表	
2	总成绩	8099.1
3	平均分	337.5
4	男生人数	17
5	女生人数	7
6	班级总人数	24

图 2-2-20　“情况分析表”效果图

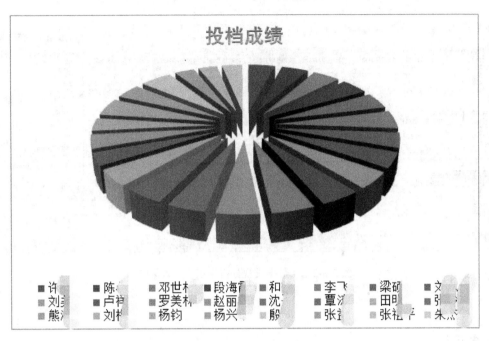

图 2-2-21 "投档成绩"图表效果图

任务三 车库收费情况统计表制作

任务简介

某停车场为了想让利消费者，预计从 2019 年 7 月 1 日起执行从原来"不足 30 分钟按 30 分钟收费"调整为"不足 30 分钟部分不收费"的收费政策。停车场经理为了解实行优惠政策后停车场收入的减少情况，特要求办公室小李对 2019 年 5 月和 6 月的收费数据按新旧政策标准进行比较分析。小李完成数据统计后的效果如图 2-3-1、图 2-3-2 所示。

序号	车牌号码	车型	车颜色	收费标准	进场日期	进场时间	出场日期	出场时间	停放时间	收费金额	拟收费金额	差值
1	渝D86761	大型车	银灰色	2.50	2019年5月26日	0:15:00	2019年5月26日	5:29:02	5时14分	¥27.50	¥25.00	¥2.50
2	渝DA7294	中型车	黑色	2.00	2019年5月26日	1:19:00	2019年5月26日	6:35:02	5时16分	¥22.00	¥20.00	¥2.00
3	渝F91R59	大型车	深蓝色	2.50	2019年5月26日	1:31:00	2019年5月26日	10:05:03	8时34分	¥45.00	¥42.50	¥2.50
4	渝DD2510	小型车	深蓝色	1.50	2019年5月26日	1:35:00	2019年5月26日	13:43:04	12时08分	¥37.50	¥36.00	¥1.50
5	川K47364	中型车	黑色	2.00	2019年5月26日	1:37:00	2019年5月26日	18:04:05	16时27分	¥66.00	¥64.00	¥2.00
6	渝F7L876	中型车	深蓝色	2.00	2019年5月26日	1:52:01	2019年5月26日	10:43:03	8时51分	¥36.00	¥34.00	¥2.00
7	渝B37606	中型车	黑色	2.00	2019年5月26日	2:00:01	2019年5月26日	15:02:04	13时02分	¥54.00	¥52.00	¥2.00
8	渝E20P70	中型车	白色	2.00	2019年5月26日	2:14:01	2019年5月26日	13:24:04	11时10分	¥46.00	¥44.00	¥2.00
9	渝D6Q864	大型车	黑色	2.50	2019年5月26日	2:21:01	2019年5月26日	18:28:05	16时07分	¥82.50	¥80.00	¥2.50
10	渝D1J892	小型车	银灰色	1.50	2019年5月26日	3:41:01	2019年5月26日	20:12:06	16时31分	¥49.50	¥48.00	¥1.50
11	渝A53Q90	中型车	白色	2.00	2019年5月26日	3:50:01	2019年5月26日	17:53:05	14时02分	¥58.00	¥56.00	¥2.00
12	渝A17178	中型车	深蓝色	2.00	2019年5月26日	4:20:01	2019年5月26日	17:48:05	13时28分	¥54.00	¥52.00	¥2.00
13	渝C2A232	小型车	深蓝色	1.50	2019年5月26日	5:00:01	2019年5月26日	13:35:04	8时35分	¥27.00	¥25.50	¥1.50
14	渝A2D013	小型车	银灰色	1.50	2019年5月26日	5:22:02	2019年5月26日	10:00:03	4时38分	¥15.00	¥13.50	¥1.50

图 2-3-1 "停车收费记录"工作表效果图

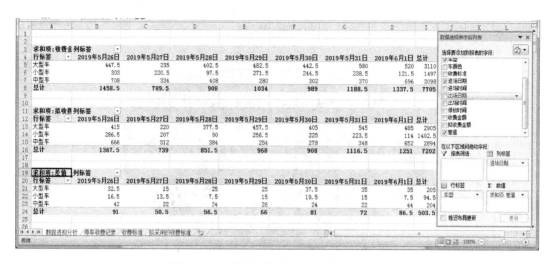

图 2-3-2　"数据透视分析"工作表效果图

任务目标

　　进一步熟悉单元格格式设置、工作表格式化操作；了解 VLOOKUP 的主要功能、适用范围，掌握 VLOOKUP 的用法；掌握时间函数及 MOD、INT 函数的用法；熟悉数据透视表的应用。

知识链接

➢　单元格格式设置。
➢　函数的使用：VLOOKUP、MOD、HOUR、MINUTE 、INT 函数和&运算符。
➢　数据透视表的设置。
➢　格式化工作表。

操作步骤

1. 单元格格式设置

(1) 打开"车库收费情况统计表.xlsx"，以"车库优惠数据分析.xlsx"另存于 E 盘。

(2) 利用 Ctrl 键选中 E、K、L、M 四列不连续单元格，单击【开始】→【数字】，打开如图 2-3-3 所示的【设置单元格格式】对话框，在【数字】选项卡中选择【数值】，在【小数点位数】中输入"2"。

图 2-3-3 【设置单元格格式】对话框

2. 函数的应用

1) VLOOKUP 函数的使用

VLOOKUP 函数是 Excel 表格中高级的用法，通过 VLOOKUP 函数可以调用符合条件的数据，在大量调用时可以节省查找复制 Excel 数据的时间，提高效率。

如图 2-3-4 所示的"停车收费记录"工作表中的记录较多，如果一一查找后粘贴，则花费的时间较多，工作效率低，而使用 VLOOKUP 函数是最简单、最快捷的方法。"收费标准"根据车型收费，车型收费标准如图 2-3-5 所示。要将"收费标准"工作表的数据通过 VLOOKUP 函数直接填入到"停车收费记录"工作表中的"收费标准"字段里面，操作步骤如下：

	A 序号	B 车牌号码	C 车型	D 车颜色	E 收费标准	F 进场日期
2	1	渝D86761	大型车	银灰色		2019年5月26日
3	2	渝DA7294	中型车	黑色		2019年5月26日
4	3	渝F91R59	大型车	深蓝色		2019年5月26日
5	4	渝DD2510	小型车	深蓝色		2019年5月26日
6	5	川K47364	中型车	黑色		2019年5月26日
7	6	渝F7L876	中型车	深蓝色		2019年5月26日
8	7	渝B37606	中型车	黑色		2019年5月26日
9	8	渝E20P70	中型车	白色		2019年5月26日
10	9	渝D6Q864	大型车	黑色		2019年5月26日
11	10	渝D1J892	小型车	银灰色		2019年5月26日
12	11	渝A53Q90	中型车	白色		2019年5月26日
13	12	渝A17178	中型车	深蓝色		2019年5月26日
14	13	渝C2A232	小型车	深蓝色		2019年5月26日
15	14	渝A2D013	小型车	银灰色		2019年5月26日
16	15	渝AU23	大型车	深蓝色		2019年5月26日
17	16	渝CD2906	中型车	白色		2019年5月26日
18	17	渝A18525	中型车	白色		2019年5月26日
19	18	渝A83660	中型车	深蓝色		2019年5月26日

图 2-3-4 "停车收费记录"工作表

图 2-3-5   "收费标准"工作表

(1) 单击【公式】→【插入函数】功能按钮，弹出如图 2-3-6 所示的【插入函数】对话框。找到 VLOOKUP 函数后，单击【确定】按钮。

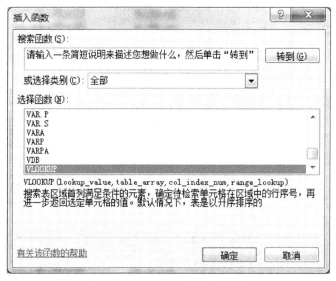

图 2-3-6   【插入函数】对话框

(2) 在出现的【函数参数】对话框中依次选择相关数据。

Lookup_value：需要在数据表首列进行搜索的值。在这里找到两个表相同的字段名"车型"，单击 C2 单元格。

Table_array：需要在其中搜索信息的数据表。

Col_index_num：满足条件的单元格在数组区域 Table_array 中的列序号。我们需要的值从"车型"开始，而"车型"在第 2 列上，所以输入"2"。

Range_lookup：指定在查找时是要求精确匹配还是大致匹配，如果为 FALSE 表示大致匹配，为 TRUE 表示精确匹配，一般情况下都选择大致匹配，即输入"FALSE"或"0"。

选择数据如图 2-3-7 所示。完成后的函数为" =VLOOKUP(C3,收费标准! $A$2:$B$5,2,FALSE)"。利用复制公式将所有的数据向下填充。

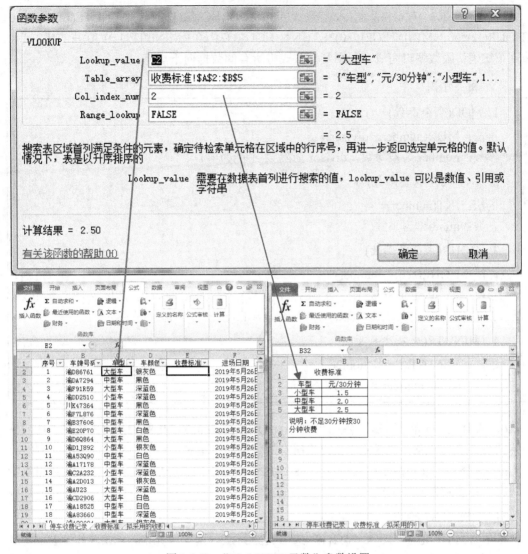

图 2-3-7　"VLOOKUP 函数"参数设置

2) 时间函数的使用

(1) 选中 J 列单元格，单击【开始】→【数字】，打开【设置单元格格式】对话框，在【时间】选项卡里选择"XX 时 XX 分"。

(2) 选择 J2 单元格，输入公式" = (H2&I2)-(F2&G2)"。按回车键确认函数编辑完成，利用复制公式将所有的数据向下填充。

◇　相关知识

(1) "&"是连接符，表示将两个单元格的内容合并到一个单元格。如用多个连接符，则将多个单元格内容合并到一个单元格。例如：单元格 1&单元格 2&单元格 3&单元格 4，则表示将 4 个单元格的内容合并到一个单元格。H2&I2 表示日期连接时间，得到另一个日期。

(2) 日期减日期得到两个日期相差的时间。

(3) 选择 K2 单元格，输入函数 "= IF(MOD((HOUR(J2)*60 + MINUTE(J2)),30) = 0, ((HOUR(J2)*60 + MINUTE(J2))/30)*E2,(INT((HOUR(J2)*60 + MINUTE(J2))/30) + 1)*E2)"，按回车键确认函数编辑完成。利用复制公式将所有的数据向下填充。

◇　相关知识

---

1. MOD(求余函数)

语法：MOD(number，divisor)。

参数：number 为被除数，divisor 为除数(不能为零)。

2. INT(向下取整函数)

语法：INT(number)。

参数：number 为小数。

3. HOUR(求小时函数)

语法：HOUR(serial_number)。

参数：serial_number 表示日期类的值，可以是时间或日期，也可以是小数，如 0.75 表示 24 时的 75%，用 "=HOUR(0.75)" 所计算的值是 18 小时。

4. MINUTE(求分钟函数)

语法：MINUTE(serial_number)。

参数：serial_number 表示日期类的值。

---

(4) 选择 L2 单元格，输入公式 "=INT((HOUR(J2)*60+MINUTE(J2))/15)*E2"，按回车键确认公式编辑完成。利用复制公式将所有的数据向下填充。

(5) 选择 M2 单元格，输入公式 "= K2-L2"，按回车键确认函数编辑完成。利用复制公式将所有的数据向下填充。

3) SUM 函数的使用

单击 A256 单元格，输入 "总计"，选中 A256:B256 两个单元格，单击【开始】→【对齐方式】→【合并后居中】按钮。然后选择 K256 单元格，单击【公式】→【函数库】→【自动求和】，在该对话框中选择函数 "SUM"，在 K256 单元格即显示公式 "=SUM(K2:K255)"。利用复制公式将所有数据向右填充。

3. 格式化工作表

(1) 选择 A1:M256 单元格区域，单击【开始】→【样式】→【套用表格样式】→【表样式中等深浅 12】，应用表格样式。

(2) 选中 "收费金额""拟收费金额" 和 "差额" 三列数据，单击【开始】→【数字】→【货币】。

(3) 选择 K2:K255 单元格区域，单击【开始】→【样式】→【条件格式】→【突出显示单元格规则】→【其他规则】，弹出如图 2-3-8 所示的【新建格式规格】对话框，选择 "单元格值大于或等于 50"，单击【格式】按钮，设置成红色文字、黄色底纹，单击【确定】按钮。

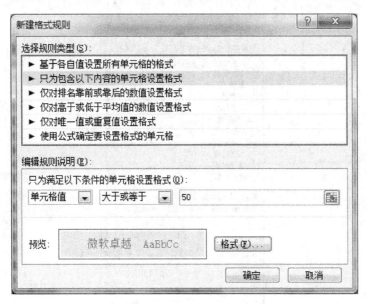

图 2-3-8　【新建格式规则】对话框

4. 创建数据透视表

(1) 选择 A2:M255 单元格区域，单击【插入】→【数据透视表】→【数据透视表】，弹出如图 2-3-9 所示的【创建数据透视表】对话框，单击【确定】按钮。可以看到在【表/区域】处显示"表 2"，而不是"停车收费记录!$A$1:$M$255"，其实效果是一样的，这是因为设置了表格套用格式，所以显示格式不同。

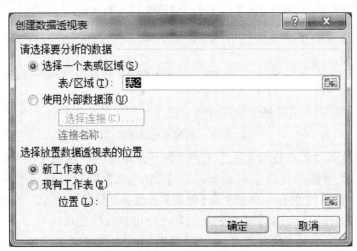

图 2-3-9　【创建数据透视表】对话框

(2) 右键单击 Sheet1 工作表标签，选择【重命名】，输入"数据透视分析"后按回车键确定。

(3) 打开"数据透视分析"工作表，利用如图 2-3-10 所示的【数据透视表字段列表】任务窗格进行布局，拖动【车型】到【行标签】区域，拖动【进场日期】到【列标签】区域，拖动【收费金额】到【数值】区域。设置完成后效果如图 2-3-11 所示。

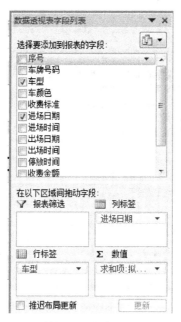

图 2-3-10　【数据透视表字段列表】任务窗格

求和项:收费金	列标签							
行标签	2019年5月26日	2019年5月27日	2019年5月28日	2019年5月29日	2019年5月30日	2019年5月31日	2019年6月1日	总计
大型车	447.5	235	402.5	482.5	442.5	580	520	3110
小型车	303	220.5	97.5	271.5	244.5	238.5	121.5	1497
中型车	708	334	408	280	302	370	696	3098
总计	1458.5	789.5	908	1034	989	1188.5	1337.5	7705

求和项:拟收费	列标签							
行标签	2019年5月26日	2019年5月27日	2019年5月28日	2019年5月29日	2019年5月30日	2019年5月31日	2019年6月1日	总计
大型车	415	220	377.5	457.5	405	545	485	2905
小型车	286.5	207	90	256.5	225	223.5	114	1402.5
中型车	666	312	384	254	278	348	652	2894
总计	1367.5	739	851.5	968	908	1116.5	1251	7201.5

求和项:差值	列标签							
行标签	2019年5月26日	2019年5月27日	2019年5月28日	2019年5月29日	2019年5月30日	2019年5月31日	2019年6月1日	总计
大型车	32.5	15	25	25	37.5	35	35	205
小型车	16.5	13.5	7.5	15	19.5	15	7.5	94.5
中型车	42	22	24	26	24	22	44	204
总计	91	50.5	56.5	66	81	72	86.5	503.5

图 2-3-11　数据透视表效果图

(4) 鼠标定位到"停车收费记录"工作表的任意单元格，单击【插入】→【数据透视表】，弹出【创建数据透视表】对话框，在【表/区域】位置处显示选择"停车收费记录!\$A\$1:\$M\$255"。在【现有工作表】的【位置】处选择"数据透视分析!\$A\$11"，单击【确定】按钮。利用同样的方法按车型的进场日期统计出拟收费之和。

(5) 按同样的方法在"数据透视分析!\$A\$19"处利用数据透视表统计出按"车型"的"进场日期"的"差值"之和。

以上任务完成后按原文件名保存。

任务总结

本任务主要讲述了 VLOOKUP 函数的使用，VLOOKUP 函数要求两个工作表中必须要有相同的字段，主要是进行两个表格中间有比对源后相关资料的对比，以及把第二个表格中间有而第一个表格中间没有的信息整合到第一个表格中间。只有了解了该函数的功能，才能灵活运用。

时间函数需要注意的是几种算法，日期、数值之间的计算，以及最终得到的是什么类型的数据。

数据透视图和透视表的用处很大，对复杂的数据统计非常有效，在使用的过程中与分类汇总有相似之处，但也有区别。

实践演练

网吧收费情况统计表制作

小刘放暑假了，想为家里减轻经济负担，于是到网吧做兼职。网吧老板以前一直都是用人工登记时间进行收费的，他觉得小刘是大学生，想问他有没有简便的办法减少计算的失误。小刘根据老板的要求做了一个 Excel 表格，解决了老板的后顾之忧，提高了工作效率。

1. 操作要求

(1) 打开"网吧收费情况统计表.xlsx"工作簿文件。将 Sheet1 工作表重命名为"上网人员基本信息"，Sheet2 工作表重命名为"网吧月收入统计"，Sheet3 工作表重命名为"2019年年卡名单"。

(2) 数据清单(A2:I34 单元格)区域设置居中对齐；外框线为黑色粗实线，内框线为绿色细实线；列宽为自动调整列宽。

(3) 将 E、F 两列设置成日期型数据，格式如样例"2019-7-22 13:30"。

(4) 利用"开始时间"列和"结束时间"列计算"上网时间"列，单元格格式为时间类型的"XX 时 XX 分"。

(5) 在"上网费用"列前插入一列，名为"是否年卡会员"，并用 VLOOKUP 函数求出此列数据，是的显示为"是"，不是的为空。

(6) 按要求计算出"上网费用"列的数据，规则为：如果是会员，则不收费；如果不是会员，则按 2 元/小时收费，30 分钟以下不计费用，30 分钟以上以一个小时计算。

(7) 在"备注"列前插入一列，输入列名称"月份"，并用 MOUNTH 函数计算本列数据。

(8) 在"网吧月收入统计"工作表中建立数据透视表，要求按月份统计出每月网吧收入的总费用。

(9) 其他操作按照图 2-3-12 设置。设置完成后按原文件名保存。

2. 作品效果图

网吧收费情况统计表制作作品效果如图 2-3-12 和图 2-3-13 所示。

序号	姓名	性别	身份证号	开始时间	结束时间	上网时间
1	但林	男	5110021983030305■	2019-7-1 11:30	2019-7-1 15:42	4时12分
2	蒋家■	男	5100031981050613■■	2019-7-1 12:35	2019-7-1 22:07	9时32分
3	叶■■	女	5100031978020314■2	2019-7-1 21:30	2019-7-2 5:38	8时08分
4	杨■	女	5100031980030513■9	2019-7-1 22:35	2019-7-1 23:58	1时23分
5	周在■	女	3200121975091010■0	2019-7-2 8:20	2019-7-2 12:00	3时40分
6	赵小■	女	3301231990010111■2	2019-7-2 10:12	2019-7-3 7:00	20时48分
7	杨孟■	女	3200011974070511■X	2019-7-3 20:55	2019-7-3 23:58	3时03分
8	张印■	男	4100011980010312■5	2019-7-3 10:00	2019-7-4 5:11	19时11分
9	陈■■	男	5000011981050412■3	2019-7-26 5:58	2019-7-26 6:44	0时46分
10	黄利	男	5100031985060717■8	2019-7-26 6:28	2019-7-26 15:01	8时33分
11	陈思■■	女	5100031983051517■40	2019-7-26 7:31	2019-7-26 21:26	13时55分
12	雷■■	男	5100021980020344■8	2019-7-26 9:31	2019-7-26 16:32	7时01分
13	吴雅琦	男	5200011979040512■0	2019-7-26 13:31	2019-7-27 0:03	10时31分
14	谭■	男	5000121981041745■0	2019-7-26 14:37	2019-7-26 19:32	4时55分
15	刘■■	男	5110021981020207■	2019-7-26 18:58	2019-7-27 6:48	11时49分
16	冯■■	男	5130021982030517■	2019-7-26 19:09	2019-7-26 20:05	0时56分
17	李文斐	女	5000231970041767■	2019-7-26 21:12	2019-7-27 12:11	14时58分
18	王孝飞	女	5000231981051865■1	2019-7-27 16:15	2019-7-28 4:24	12时08分
19	张■	男	5130231977083232■1	2019-7-27 16:42	2019-7-27 23:23	6时41分
20	张■	男	5102021985042824■5	2019-7-27 19:14	2019-7-28 4:41	9时26分
21	杨琳鹏	男	5137011982090701■0	2019-7-27 20:07	2019-7-27 21:23	1时16分
22	廖■兵	男	2302271978040912■6	2019-8-27 22:38	2019-8-28 6:19	7时40分
23	黄■祥	男	5110281987012701■0	2019-8-27 0:13	2019-8-27 12:28	12时15分
24	田■■	男	3706831991121173■0	2019-8-27 2:09	2019-8-28 11:36	9时27分
25	姚本芳	男	5105231979122152■X	2019-8-27 3:13	2019-8-28 9:45	6时32分
26	冉■平	男	5102231972071110■1	2019-8-27 9:40	2019-8-28 2:13	16时32分
27	黄昊亚	男	5137011982090706■0	2019-8-27 11:31	2019-8-28 23:38	12时07分

图 2-3-12　"上网人员基本信息"工作表效果图(部分)

图 2-3-13　"网吧月收入统计"工作表效果图

任务四　教师档案管理

任务简介

　　小陶是某学校人事处干事,主要负责全校教职工人事档案管理工作、负责人事信息的管理及统计资料的上报工作。他需要对学校教职工的信息进行处理，处理后的效果如图 2-4-1 和图 2-4-2 所示。

教师档案信息表

序号	部门	工号	姓名	性别	身份证号	出生日期	年龄	来校时间	校龄	职务	职务级别	教师性质
11	计算机学院.网络教研室	0202	罗	男	51022919750416211	1975年04月16日	44	2002-8-10	17	教师	正科级	专职
27	计算机学院.网络教研室	0202	张	男	51022919750416211	1975年04月16日	44	2002-8-10	17	教师	正科级	专职
16	计算机学院.教务科	0618	周	男	37068319811217320	1981年12月17日	37	2004-6-26	15	教务科副科长	副科级	专职
32	计算机学院.教务科	0618	周亚	男	37068319911217320	1991年12月17日	27	2015-6-26	4	教务科副科长	副科级	专职
9	计算机学院.网络教研室	0201	龙	女	51022319720711020	1972年07月11日	47	1998-5-8	21	教师		专职
25	计算机学院.网络教研室	0201	刘	女	51020219850428245	1985年04月28日	34	1998-5-8	21	教师		专职
15	计算机学院.网络教研室	0223	周	女	51102819820127062	1982年01月27日	37	2002-8-10	17	教师		专职
31	计算机学院.网络教研室	0223	周小	女	51102819870127062	1987年01月27日	32	2002-8-10	17	教师		专职
12	计算机学院.网络教研室	0600	唐	男	51370119820907063	1982年09月07日	37	2004-6-28	15	网络教研室副主任/教师		专职
13	计算机学院.网络教研室	0612	张	女	23022719780409276	1978年04月09日	41	2004-7-9	15	教师		专职
28	计算机学院.网络教研室	0600	廖	男	51370119820907063	1982年09月07日	37	2004-6-28	15	网络教研室副主任/教师		专职
29	计算机学院.网络教研室	0612	李	女	23022719780409272	1978年04月09日	41	2004-7-9	15	教师		专职
5	计算机学院.网络教研室	0796	郭	女	41132819800313066	1980年03月13日	39	2004-9-15	15	教师		专职
6	计算机学院.网络教研室	0919	郭小	女	43714219810618000	1981年06月18日	38	2004-11-3	15	教师		专职
10	计算机学院.网络教研室	1061	卢	男	51052119821208434	1982年12月08日	36	2005-7-15	14	教师		专职
21	计算机学院.网络教研室	0796	郭云	女	41132819800313066	1980年03月13日	39	2004-9-15	15	教师		专职
22	计算机学院.网络教研室	0919	郭小	女	43714219810618000	1981年06月18日	38	2004-11-3	15	教师		专职
26	计算机学院.网络教研室	1061	卢	男	51052119821208434	1982年12月08日	36	2005-7-15	14	教师		专职
3	计算机学院.网络教研室	2472	邓	女	42062419830313260	1983年03月13日	36	2007-6-1	12	教师		专职
18	计算机学院.网络教研室	2472	邓山	女	42062419830313260	1983年03月13日	36	2007-6-1	12	教师		专职
2	计算机学院.网络教研室	2277	蔡	女	51020219840404474	1984年04月04日	35	2008-2-19	11	教师		专职
17	计算机学院.网络教研室	2277	李雪	女	51020219840404474	1984年04月04日	35	2008-2-19	11	教师		专职
14	计算机学院.网络教研室	2568	张明	男	51028119810123076	1981年01月23日	38	2008-8-21	11	教师		专职
30	计算机学院.网络教研室	2568	卢朝	男	51028119810123076	1981年01月23日	38	2008-8-21	11	教师		专职
				24							专职	计数
8	教育技术信息中心.计算机中心	0269	刘	男	50023319770820200	1977年08月20日	42	2001-8-3	18	常务副主任	正科级	兼职

图 2-4-1　"教师档案信息表"效果图(部分)

		年龄	校龄									
		>30										
			>5									

序号	部门	工号	姓名	性别	身份证号	出生日期	年龄	来校时间	校龄	职务	职务级别	教师性质
8	教育技术信息中心.计算机中心	0269	刘	男	50023319770820200	1977年08月20日	41	2001-8-3	18	常务副主任	正科级	兼职
24	教育技术信息中心.计算机中心	0269	张	男	51302319770823251	1977年08月20日	41	2001-8-3	18	常务副主任	正科级	专职
11	计算机学院.网络教研室	0202	罗	男	51022919750416211	1975年04月16日	44	2002-8-10	16	教师	正科级	专职
27	计算机学院.网络教研室	0202	张	男	51022919750416211	1975年04月16日	44	2002-8-10	16	教师	正科级	专职
4	计算机学院	2271	冯	男	23010419760115341	1976年01月15日	43	2008-2-19	11	副院长	副校级	兼职
20	计算机学院	2271	冯小	男	23010419760115341	1976年01月15日	43	2008-2-19	11	副院长	副校级	兼职
16	计算机学院.教务科	0618	周	男	37068319811217320	1981年12月17日	37	2004-6-26	15	教务科副科长	副科级	专职
7	技能培训学院	0021	刘	男	51120219741025253	1974年10月25日	44	1998-9-11	20	副院长	副处级	兼职
23	技能培训学院	0021	刘大	男	51120219741025253	1974年10月25日	44	1998-9-11	20	副院长	副处级	兼职
1	教育技术信息中心	0078	曹	男	51052319791221521X	1979年12月21日	39	2001-7-1	18	副主任	副处级	兼职
17	教育技术信息中心	0078	张	男	51052319791221521	1979年12月21日	39	2001-7-1	18	副主任	副处级	兼职
9	计算机学院.网络教研室	0201	龙	女	51022319720711020	1972年07月11日	47	1998-5-8	21	教师		专职
25	计算机学院.网络教研室	0201	刘	男	51020219850428245	1985年04月28日	34	1998-5-8	21	教师		专职
15	计算机学院.网络教研室	0223	周	女	51102819820127062	1982年01月27日	37	2002-8-10	17	教师		专职
31	计算机学院.网络教研室	0223	周小	女	51102819870127062	1987年01月27日	32	2002-8-10	17	教师		专职
12	计算机学院.网络教研室	0600	唐	男	51370119820907063	1982年09月07日	36	2004-6-28	15	网络教研室副主任/教师		专职
13	计算机学院.网络教研室	0612	张	女	23022719780409272	1978年04月09日	41	2004-7-9	15	教师		专职
28	计算机学院.网络教研室	0600	廖	男	51370119820907063	1982年09月07日	36	2004-6-28	15	网络教研室副主任/教师		专职
29	计算机学院.网络教研室	0612	李	女	23022719780409272	1978年04月09日	41	2004-7-9	15	教师		专职
5	计算机学院.网络教研室	0796	郭	女	41132819800313066	1980年03月13日	39	2004-9-15	14	教师		专职
6	计算机学院.网络教研室	0919	郭	女	43714219810618002	1981年06月18日	38	2004-11-3	14	教师		专职
10	计算机学院.网络教研室	1061	卢	男	51052119821208439	1982年12月08日	36	2005-7-15	14	教师		专职
21	计算机学院.网络教研室	0796	郭云	女	41132819800313066	1980年03月13日	39	2004-9-15	14	教师		专职

图 2-4-2　"高级筛选"效果图

任务目标

本任务主要介绍将文本数据导入 Excel 工作表，通过文本数据导入的讲解，自主学习并掌握自网站等方式将数据导入 Excel，同时掌握时间函数的计算，利用身份证号码计算性别、出生日期、年龄等，熟悉高级筛选的使用方法。

- 单元格格式设置。
- 获取外部数据的方式：自文本、自网络、自 Access、自其他来源。
- MID、DATEDIF、TODAY 函数综合运用，利用身份证号计算各种数据。
- 日期数据的计算。
- 数据处理：排序、筛选、高级筛选、分类汇总。
- 保护工作表、格式化工作表。

操作步骤

1. 创建文档

新建一个空白 Excel 文档，在 A1 单元格输入"教师档案信息表"作为表格标题。单击【保存】按钮，将文档以文件名"教师档案信息表.xlsx"保存到文件夹下。

2. 获取外部数据

(1) 将鼠标定位在 Sheet1 工作表的 A2 单元格，单击【数据】→【获取外部数据】→【自文本】，弹出如图 2-4-3 所示的【导入文本文件】对话框，选中"教师档案信息表.txt"，单击【导入】按钮。

图 2-4-3　【导入文本文件】对话框

(2) 导入文本文件分三步。

第一步：打开如图 2-4-4 所示的【文本导入向导-第 1 步，共 3 步】对话框，在【原始数据类型】中选择默认的【分隔符号】，在【文件原始格式】选择默认的【936：简体中文(GB2312)】，单击【下一步】按钮。

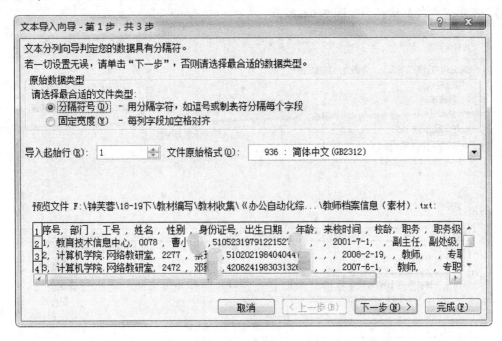

图 2-4-4　【文本导入向导-第 1 步，共 3 步】对话框

　　第二步：因为文本文件是以"逗号"隔开的，所以在【文本导入向导-第 2 步，共 3 步】对话框的【分隔符号】中必须选择【逗号】，在数据预览中将文本数据分隔开，再单击【下一步】按钮，如图 2-4-5 所示。

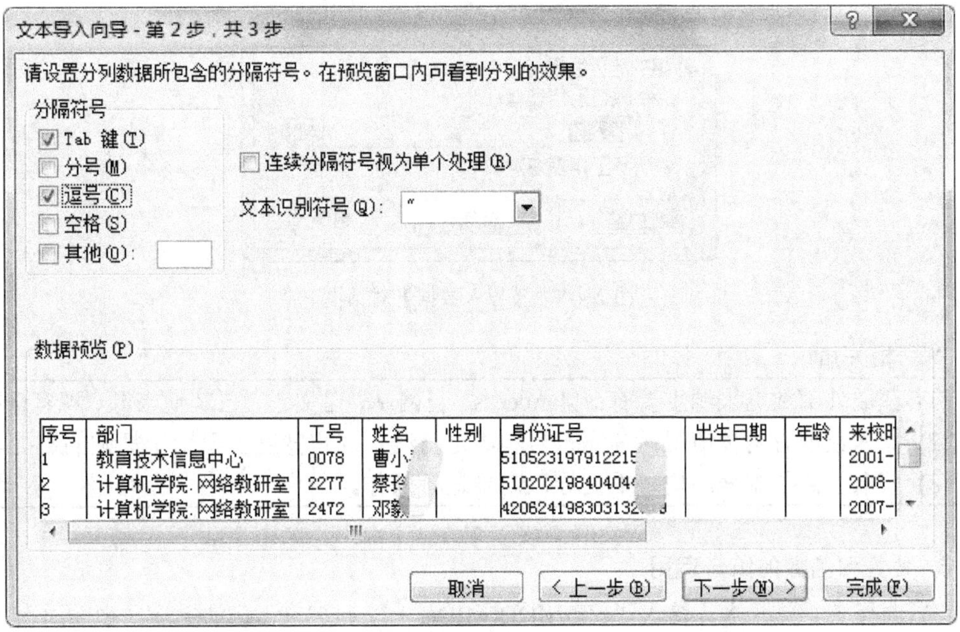

图 2-4-5　【文本导入向导-第 2 步，共 3 步】对话框

第三步：选中"工号"列，在【列数据格式】中选择【文本】；选中"身份证号"列，在【列数据格式】中选择【文本】；选中"来校时间"列，在【列数据格式】中选择【日期】，单击【完成】按钮，如图 2-4-6 所示。

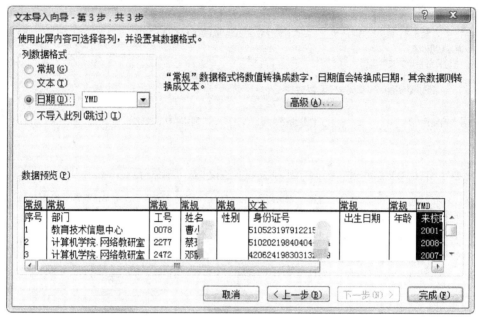

图 2-4-6　【文本导入向导-第 3 步，共 3 步】对话框

(3) 在弹出的【导入数据】对话框中选择需要放入数据的起始位置，单击【确定】按钮，如图 2-4-7 所示。

图 2-4-7　【导入数据】对话框

◇　相关知识

(1) 获取外部数据来源主要有：自 Access、自网站、自文本、自其他来源、现有链接。
(2) 导入数据有两种情况：分隔符号和固定宽度，固定宽度主要用于规则的数据。
(3) 获取外部数据来源均可根据导入向导进行操作。

3. 公式和函数的综合运用

(1) 选择 E3 单元格，输入 "=IF(MOD(MID(Г3,17,1),2)=0,"女","男")"，按回车键确认函数编辑完成，再使用复制公式完成 E4:E34 单元格的运算。

❖ 相关知识

> MID 取子串函数
>
> 语法：MID(text, start_num, num_chars)。
>
> 参数：text 为字符串，start_num 为起始位置，num_chars 取子串的长度。
>
> 功能：从 text 所示的字符串的左边开始数，自第 start_num 个位置开始截取 num_chars 个字符。

(2) 选择 G3 单元格，输入"=MID(F3,7,4)&"年"&MID(F3,11,2)&"月"&MID(F3,13,2)&"日""，再使用复制公式完成 G3:G34 单元格的运算。

(3) 选择 H3 单元格，输入"=DATEDIF(G3,TODAY(),"Y")"，再使用复制公式完成 H3:H34 单元格的运算。运用相同的函数计算出 J3:J34 单元格的值。

❖ 相关知识

> 1. DATEDIF 函数
>
> 语法：DATEDIF(start_date,end_date,unit)。
>
> 参数：start_date：表示起始日期。
>
> end_date：表示结束日期。
>
> unit：表示所需信息的返回时间单位代码，各代码含义如下：
>
> ★ "y"表示返回时间段中的整年数；
>
> ★ "m"表示返回时间段中的整月数；
>
> ★ "d"表示返回时间段中的天数；
>
> ★ "md"表示参数 1 和 2 的天数之差，忽略年和月；
>
> ★ "ym"表示参数 1 和 2 的月数之差，忽略年和日；
>
> ★ "yd"表示参数 1 和 2 的天数之差，忽略年，按照月、日计算天数。
>
> 功能：DATEDIF 函数是一个 Excel 中隐藏的，但功能非常强大的日期函数，主要用于计算两个日期之间的天数、月数或年数。
>
> 2. TODAY 当前日期函数
>
> 语法：TODAY()。
>
> 参数：无。

4. 格式化工作簿

(1) 选择 A1:M1 单元格区域，单击【开始】→【对齐方式】→【合并后居中】。单击【开始】→【字体】，设置字体为华文楷体，字号为 20 磅。

(2) 选择 A2:M34 单元格区域，单击【开始】→【字体】，设置字体为宋体，字号为 11 磅。单击【开始】→【下框线】→【所有边框】。选择第 2 行，单击【开始】→【字体】组→【加粗】。

(3) 选择"部门"列，按住 Ctrl 键，继续单击"身份证号""出生日期""来校时间"列，单击【开始】→【对齐方式】组→【左对齐】。用同样的方法设置"校龄"为居中，其余列为右对齐。选择 A:M 列，将鼠标光标置于某两列之间，当光标变成"✛"时双击，根据内容适当调整列宽。

(4) 选择 M3:M34 单元格区域，单击【开始】→【样式】→【条件格式】→【突出显示单元格规则】→【等于】，弹出如图 2-4-8 所示的【等于】对话框，在【为等于以下值的单元格设置格式：】下输入"兼职"，【设置为】选择【红色文本】，单击【确定】按钮。

图 2-4-8　【条件格式】→【等于】对话框

(5) 选择 Sheet1 工作表，右击选择【重命名】，输入"教师档案信息表"。再右键单击，在弹击的快捷菜单中选择【工作表标签颜色】，然后单击【红色】。

(6) 单击【页面布局】→【页面设置】，弹出如图 2-4-9 所示的【页面设置】对话框。

① 在【页面】选项卡里将【方向】设置为横向，【纸张大小】设置为 A4。

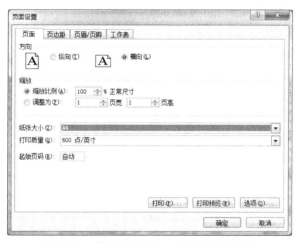

图 2-4-9　【页面设置】→【页面】选项卡

② 单击【页边距】选项卡，弹出如图 2-4-10 所示的对话框，左右边距输入"1"，上下边距输入"2"，【居中方式】设置为水平。

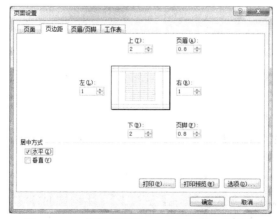

图 2-4-10　【页面设置】→【页边距】选项卡

③ 单击【页眉/页脚】选项卡，再单击【自定义页眉】，弹出如图 2-4-11 所示的【页眉】对话框，在左侧输入"教师档案信息表"，再设置字体为宋体加粗 10 磅，设置完成后单击【确定】按钮，返回到【页眉/页脚】选项卡。

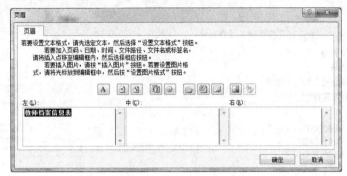

图 2-4-11 【页面设置】→【页眉/页脚】→【页眉】选项卡

④ 单击【自定义页脚】，弹出如图 2-4-12 所示的【页脚】对话框，在右侧输入"第页，共页"，再设置字体为宋体加粗 9 磅，将光标指针定位到"第"和"页"之间，单击 按钮，将光标指针定位到"共"和"页"之间，单击 按钮，效果如图 2-4-13 所示。设置完成后单击【确定】按钮，返回到【页眉/页脚】选项卡，完成页眉/页脚设置。

图 2-4-12 【页面设置】→【页眉/页脚】→【页脚】选项卡

图 2-4-13 【页面设置】→【页眉/页脚】选项卡

⑤ 单击【工作表】选项卡，弹出如图 2-4-14 所示的对话框，光标定位在【顶端标题行】，鼠标拖动选择第一行和第二行即"$1:$2"，单击【确定】按钮完成所有页面设置。

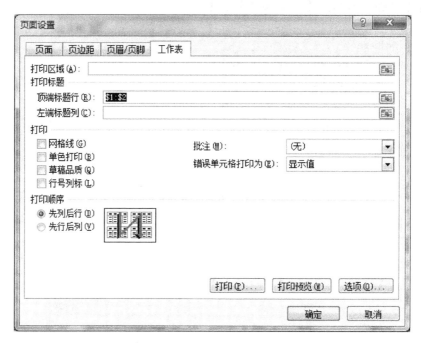

图 2-4-14　【页面设置】→【工作表】选项卡

5. 数据处理

(1) 排序：选择 A2:M34 单元格区域，单击【数据】→【排序和筛选】→【排序】，弹出如图 2-4-15 所示的【排序】对话框，【主要关键字】选择"职务级别"，【次序】选择"降序"；单击【添加条件】按钮，在【次要关键字】处选择"校龄"，【次序】选择"降序"。设置完成后单击【确定】按钮。

图 2-4-15　【排序】对话框

(2) 自动筛选：选择 A2:M34 单元格区域，单击【数据】→【排序和筛选】→【筛选】，单击第二行的【部门】自动筛选查询按钮，只勾选"计算机学院.网络教研室"，单击【确定】按钮，如图 2-4-16 所示。

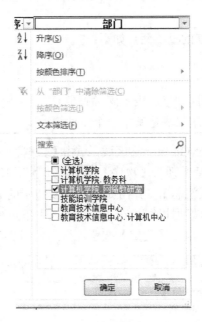

图 2-4-16 自动筛选设置

(3) 高级筛选：将列标题中的"年龄"和"校龄"两个单元内容复制到任意空白单元格，在"年龄"的下一行输入">30"，在"校龄"的下两行输入">5"，如图 2-4-17 所示，完成条件区域的建立。选择 A2:M34 单元格区域，单击【数据】→【排序和筛选】组→【高级】，弹出如图 2-4-18 所示的【高级筛选】对话框，列表区域是参加筛选的表格($A$2:$M$34)，条件区域则是刚刚建立的区域($C$36:$D$38)，选中【将筛选结果复制到其他位置】，在【复制到】中单击任意空白区域($A$39:$M$39)，强调【复制到】的区域右方和下方均为空白才能筛选成功，单击【确定】按钮。

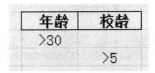

图 2-4-17 条件区域

图 2-4-18 【高级筛选】对话框

✧　相关知识

高级筛选条件区域建立的重要两点如下：
(1) 复制列标题。
(2) 筛选条件：
"与"或"且"：写在同一行，表示同时满足。
"或者"：不同行，表示只满足其中一个条件。

(4) 分类汇总：选择 A2:M34 单元格区域，单击【数据】→【排序和筛选】→【排序】，设置【主要关键字】为"教师性质"，【次序】选择"升序"，单击【确定】按钮；单击【数据】→【分级显示】→【分类汇总】，弹出如图 2-4-19 所示的【分类汇总】对话框，在【分类字段】下拉列表中选择"教师性质"，在【汇总方式】下拉列表中选择"计数"，在【选定汇总项】中选择"姓名"，单击【确定】按钮，得到如图 2-4-20 所示的效果图。

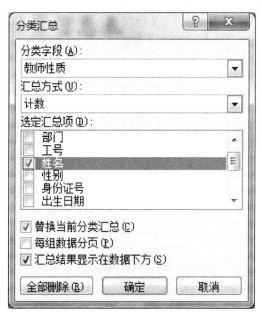

图 2-4-19　【分类汇总】对话框

图 2-4-20　"分类汇总"效果图

(5) 工作表保护：利用 Ctrl 键选择不连续的"工号""姓名""身份证号"三列数据，单击【审阅】→【更改】→【允许用户编辑区域】，在弹击的对话框中进行相应设置。单击【新建】按钮，弹出如图 2-4-21 所示的【新区域】对话框，在【区域密码】处输入"123"。单击【确定】按钮，返回到【允许用户编辑区域】对话框，单击【保护工作表】按钮，在对话框中输入密码"123"后单击【确定】按钮。再单击【确定】按钮，设置完成后的对话框如图 2-4-22 所示。

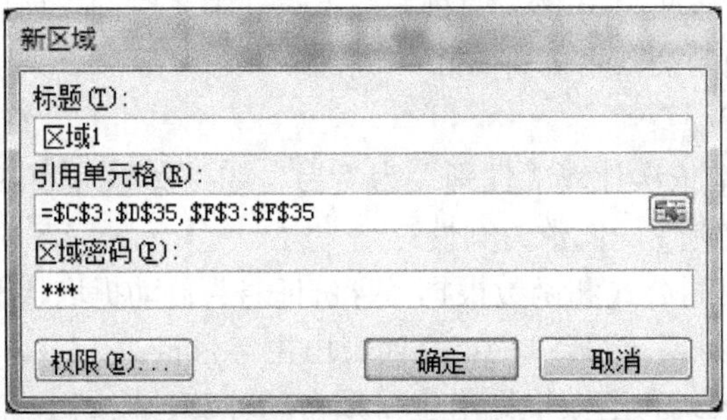

图 2-4-21 【新区域】对话框

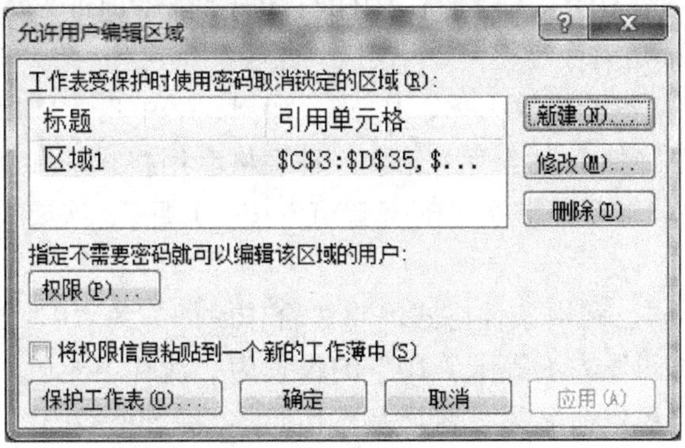

图 2-4-22 【允许用户编辑区域】对话框

以上任务完成后按原文件名保存。

任务总结

本任务主要介绍了函数嵌套及多个函数的综合运用。在学习的过程中注意函数的灵活运用，比如在实训项目二任务三中用 MOD 函数来判断是否超出 30 分钟，而在本任务中则是用 MOD 判断奇数和偶数，通过两个任务便可了解 MOD 函数的主要用途。

本任务中的数据处理，要注意选择表格时一定是选择规则的二维表格。

实践演练

客户信息处理

小刘是某公司销售部主管，各业务员将客户信息交给小刘后，小刘需要在客户生日的时候根据客户的性别、年龄、地区、合作年限等信息给客户邮寄礼品。小刘收到基础数据以后，将对数据进行进一步处理。

1. 操作要求

(1) 打开"公司客户信息.xlsx"，在"客户姓名"列的右侧插入"性别"列；在"身份证号"列后插入"出生年月""年龄"两列；在"建立关系时间"列后插入"合作时间(年)"列；在"邮寄地址"列后插入"邮寄省市"列。

(2) 用公式与函数计算：

① 利用公式及函数依次计算"性别"为"男"或"女"，其中身份证号的倒数第 2 位用于判断性别，奇数为男性，偶数为女性；

② "出生日期"使用公式和函数根据"身份证号"自动提取，出生日期格式为"××××年××月××日"，"身份证号"的第 7～14 位代表出生年月日；

③ "年龄"使用公式和函数根据出生日期自动计算，按满 1 年才计 1 年的要求计算；

④ "合作时间"使用公式和函数根据建立关系时间计算，须满 1 年才计为 1 年；

⑤ 利用取子串函数(MID()、LEFT()、RIGHT())从"邮寄地址"列中提取省名和市名(或县名)，格式如"重庆永川"。

(3) 将第一行单元格设置为"宋体、12 磅、加粗、居中"。"邮寄地址"列设置为左对齐，其余列均居中对齐。整个表格使用任意一种表格套用格式，并转换成普通区域。

(4) 根据邮寄需要，主要关键字"邮寄省市"按"升序"、次要关系字"合作时间"按"降序"排列。

(5) 由于礼品的不同，利用条件格式，将"合作时间"为"0"的设置为"黄填充色，深黄色文本"，"合作时间"大于等于"10"的设置为"浅红填充色，深红色文本"。

(6) 将 Sheet1 工作表重命名为"客户基本信息"。将 Sheet2 工作表重命名为"资深客户名单"。将"客户基本信息"工作表标签颜色改为"紫色"，"资深客户名单"工作表标签颜色改为"红色"。

(7) 打开"资深客户名单"工作表，利用高级筛选筛选出"客户基本信息"工作表中职位是"总经理"或"副总经理"，并且"合作时间"均在 8 年及以上的数据。

(8) 将整个工作簿文件进行加密，密码为"123"，设置后保存。

2. 作品效果图

客户信息处理作品效果如图 2-4-23 和图 2-4-24 所示。

图 2-4-23 "客户基本信息"工作表效果图(部分)

职位	职位	合作时间（年）
总经理		>8
	副总经理	>8

序号	客户姓名	性别	职位	联系方式	身份证号	出生日期	年龄	建立关系时间	合作时间（
78	唐婉■	女	总经理	1871091703■	5109021992110311■	1992年11月03日	26	2010/6/7	9
7	杨雅■	女	总经理	133194788■	5227011994031653■	1994年03月16日	25	2010/4/5	9
8	肖丽■	男	总经理	131178877■	5227291992100212■	1992年10月02日	26	2010/4/5	9
67	韩■	男	总经理	1878794870	5221301991070408■	1991年07月04日	28	2007/4/5	12
29	陈■	女	总经理	18773244■	5221321994102313■	1994年10月23日	24	2008/4/5	11
95	肖曦■	男	总经理	13028428■	5002361992102011■	1992年10月20日	26	2008/1/25	11
60	黄宗■	男	总经理	1877971930	5111021992121242■	1992年12月14日	26	2010/4/5	9
85	徐天■	男	总经理	131087788■	5303811995010819■	1995年01月08日	24	2010/4/5	9
11	彭张■	男	总经理	1312848013	5001011993102507■	1993年10月25日	25	2010/6/7	9
96	张亚■	女	总经理	131283293■	5002381995020308■	1995年02月03日	24	2010/4/5	9
10	彭■	男	副总经理	182283787■	5002311994100320■	1994年10月03日	24	2006/3/2	13

图 2-4-24　"资深客户名单"工作表效果图(部分)

任务五　公司图书销售数据统计分析表制作

任务简介

明日之星公司是一家从事计算机图书销售的公司，拥有多个书店，小杨毕业后在该公司担任市场部助理，主要的工作职责是为部门经理提供销售信息的分析和汇总。2017 年初，经理要求小杨把 2016 年的订单数据统计出来，进行分类汇总和数据筛选，还需按要求做出各类统计报告。

本任务的主要数据表及完成效果如图 2-5-1～图 2-5-5 所示。

	A	B
1	图书价格参考表	
2	图书名称	定价
3	《Access数据库管理》	¥ 36.80
4	《JAVA程序设计》	¥ 39.60
5	《VB语言程序设计》	¥ 32.50
6	《电子商务》	¥ 35.40
7	《关系数据库与SQL程序设计》	¥ 40.70
8	《汇编语言》	¥ 28.80
9	《计算机基础及办公自动化应用》	¥ 30.40
10	《计算机基础及图像处理应用》	¥ 35.00
11	《计算机网络操作系统》	¥ 28.00
12	《计算机组装与维护》	¥ 26.00
13	《局域网组网技术》	¥ 29.00
14	《嵌入式C程序设计》	¥ 27.60
15	《数据库原理与应用》	¥ 33.40
16	《网络安全与管理》	¥ 26.80
17	《网络工程》	¥ 34.50
18	《网络设备管理》	¥ 31.40
19	《微机原理与接口技术》	¥ 35.20

图 2-5-1　"图书定价"工作表

	A	B
	城市区域对照表	
2	省市	销售区域
3	安徽省	东区
4	北京市	北区
5	福建省	南区
6	广东省	南区
7	贵州省	西区
8	海南省	南区
9	河北省	北区
10	河南省	北区
11	湖北省	东区
12	吉林省	北区
13	江苏省	东区
14	江西省	东区
15	辽宁省	北区
16	宁夏区	西区
17	山东省	北区
18	山西省	北区
19	陕西省	北区
20	上海市	东区
21	四川省	西区
22	天津市	北区
23	云南省	西区
24	浙江省	东区
25	重庆市	西区

图 2-5-2　"城市对照"工作表

	订单编号	日期	书店名称	图书名称	单价	销量(本)	发货地址	所属区域	销售额小计
3	CQS-05123	2016年5月19日,星期四	惠民书店	《Access数据库管理》	¥ 36.80	3	山东省济南市历城区王舍人街道王舍人街	北区	¥ 110.40
4	CQS-05185	2016年7月21日,星期四	惠民书店	《Access数据库管理》	¥ 36.80	33	上海市徐汇区沪闵路9053号	东区	¥ 1,214.40
5	CQS-05207	2016年8月12日,星期五	惠民书店	《Access数据库管理》	¥ 36.80	28	河南省郑州市二七区建设路107号	北区	¥ 1,030.40
6	CQS-05231	2016年9月9日,星期五	惠民书店	《Access数据库管理》	¥ 36.80	24	辽宁省大连市甘井子区凌工路221号	北区	¥ 883.20
7	CQS-05259	2016年10月7日,星期五	惠民书店	《Access数据库管理》	¥ 36.80	17	吉林省长春市宽城区长白路57号	北区	¥ 625.60
8	CQS-05301	2016年11月23日,星期三	惠民书店	《Access数据库管理》	¥ 36.80	7	江苏省徐州市泉山区苏堤北路108号	东区	¥ 257.60
9	CQS-05318	2016年12月12日,星期一	惠民书店	《Access数据库管理》	¥ 36.80	48	广东省深圳市罗湖区建设路103号	南区	¥ 1,642.75
10	CQS-05340	2017年1月3日,星期二	惠民书店	《Access数据库管理》	¥ 36.80	18	天津市西青区柳新路81号	北区	¥ 662.40
11	CQS-05351	2017年1月14日,星期六	惠民书店	《Access数据库管理》	¥ 36.80	20	安徽省合肥市瑶海区站前路223号	东区	¥ 736.00
12				《Access数据库管理》 汇总					¥ 7,162.75
13	CQS-05032	2016年2月10日,星期三	惠民书店	《JAVA程序设计》	¥ 39.60	35	河南省郑州市二七区建设东路107号	北区	¥ 1,386.00
14	CQS-05054	2016年3月7日,星期一	惠民书店	《JAVA程序设计》	¥ 39.60	15	江西省南昌市西湖区二七南路23号	东区	¥ 594.00

北区　东区　南区　西区　订单明细　统计报告　城市对照　图书定价

图 2-5-3 "订单明细"工作表效果图(部分)

	A	B
1	明日之星公司销售统计报告	
2	统计项目	销售额
3	2016年志翔书店所有图书订单的总销售额	¥ 122,167.81
4	《汇编语言》图书在2016年下半年的总销售额	¥ 5,350.46
5	新星书店在2016年第2季度(4月1日~6月30日)的总销售额	¥ 20,981.20
6	惠民书店在2016年的每月平均销售额	¥ 5,699.70
7	2016年新星书店销售额占公司全年销售总额的百分比(保留2位小数)	30.02%

北区　东区　南区　西区　订单明细　统计报告　城市对照

图 2-5-4 "统计报告"工作表效果图

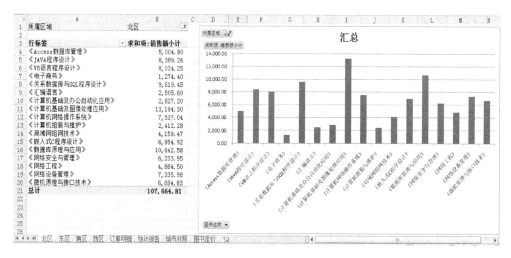

图 2-5-5 "北区"工作表效果图

任务目标

本任务要求熟练掌握 Excel 的套用表格格式、数字格式等基本操作,熟悉 VLOOKUP、LEFT、IF、SUMIF、SUMIFS 等函数的应用;熟悉排序、筛选、分类汇总、数据透视表和透视图等数据处理方法的使用。

知识链接

- ➤ 基本操作：条件格式、套用表格格式、数字格式。
- ➤ 函数应用：VLOOKUP、LEFT、IF、SUMIF、SUMIFS 等。
- ➤ 数据处理：排序、筛选、分类汇总、数据透视表及透视图。

操作步骤

1. 格式化并计算"订单明细"工作表

(1) 打开"书店销售数据统计分析表.xlsx"工作簿文件，选择"订单明细"工作表，如图 2-5-6 所示，只录入了订单相关信息，没有进行表格格式化和计算。

	A	B	书店名称	图书名称	E	F	发货地址	H	I
1				明日之星公司销售订单明细表					
2	订单编号	日期	书店名称	图书名称	单价	销量（本）	发货地址	所属区域	销售额小计
3	CQS-05001	42380	志翔书店	《计算机基础及办公自动化应用》		3	安徽省合肥市瑶海区站前路223号		
4	CQS-05002	42382	惠民书店	《汇编语言》		30	广东省深圳市龙华区致远中路38号		
5	CQS-05003	42382	惠民书店	《电子商务》		9	海南省海口市秀英区粤海大道77号		
6	CQS-05004	42383	志翔书店	《关系数据库与SQL程序设计》		9	海南省海口市美兰区人民大道143号		
7	CQS-05005	42384	志翔书店	《计算机组装与维护》		34	贵州省贵阳市见龙洞路133号		
8	CQS-05006	42387	志翔书店	《局域网组网技术》		8	天津市河北区三岔河口永乐桥52号		
9	CQS-05007	42387	惠民书店	《微机原理与接口技术》		17	广东省南昌市罗湖区建设路103号		
10	CQS-05008	42388	志翔书店	《数据库原理与应用》		23	江西省南昌市东湖区永外正街127号		
11	CQS-05009	42388	惠民书店	《网络设备管理》		3	重庆市渝北区昆仑大道55号附5号		
12	CQS-05009	42388	惠民书店	《网络设备管理》		43	重庆市渝北区昆仑大道55号附5号		
13	CQS-05010	42389	新星书店	《计算机基础及图像处理应用》		51	上海市徐汇区沪闵路9053号		
14	CQS-05011	42389	志翔书店	《嵌入式C程序设计》		26	重庆市渝北区昆仑大道37号		
15	CQS-05012	42390	新星书店	《网络安全与管理》		11	贵州省贵阳市观山湖区西二环53号		
16	CQS-05013	42390	志翔书店	《计算机网络操作系统》		50	辽宁省大连市甘井子区迎客路109号		
17	CQS-05014	42391	新星书店	《VB语言程序设计》		37	江苏省徐州市昆仑大道16号		
18	CQS-05015	42393	志翔书店	《JAVA程序设计》		45	山东省烟台市莱山区山海南路501号		
19	CQS-05016	42394	志翔书店	《Access数据库管理》		31	云南省昆明市经济技术开发区浦路24号		
20	CQS-05017	42394	志翔书店	《网络工程》		43	云南省昆明市呈贡区祥园街123号		

图 2-5-6　"订单明细"工作表(部分)

(2) 选择 A 列单元格，单击【开始】→【样式】→【条件格式】→【突出显示单元格规则】→【重复值】，弹出如图 2-5-7 所示的【重复值】对话框，单击【确定】按钮；"订单编号"列中相同编号的记录以浅红色底纹深红色文字格式显示出来，然后逐一删除多余的订单记录行。

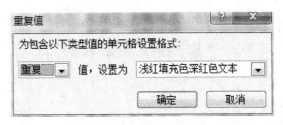

图 2-5-7　【重复值】对话框

(3) 选择 B 列单元格，单击【开始】→【数字】→【常规】下拉列表，选择【长日期】格式；然后选择整个数据表 A2:I354 单元格区域，单击【开始】→【样式】→【套用表格格式】下拉列表，选择【表样式中等深浅 13】样式。

(4) 选择第 2 行单元格，设置文字居中对齐，单击【开始】→【对齐方式】→【自动换行】；分别选择 A～C 列、F 列、H 列单元格，设置居中对齐；分别选择 E 列、I 列单元格，单击【开始】→【数字】→【常规】下拉列表，选择【会计专用】格式。

（5）选择 E3 单元格，单击【公式】→【函数库】→【插入函数】，弹出如图 2-5-8 所示的【插入函数】对话框，在【或选择类别】下拉列表中选择"查找与引用"，在【选择函数】列表框中选择"VLOOKUP"函数；单击【确定】按钮，弹出如图 2-5-9 所示的【函数参数】对话框，在【Lookup_value】参数框中选择"订单明细"表的 D3 单元格，在【Table_array】参数框中选择"图书定价"表的 A2:B19 单元格，在【Col_index_num】参数框中输入"2"，在【Range_lookup】参数框中输入"FALSE"，单击【确定】按钮；然后双击 E3 单元格右下角的【填充柄】进行公式复制得到所有图书的单价。

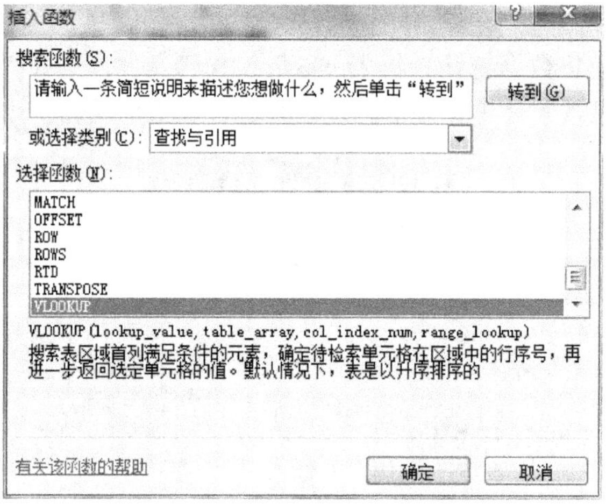

图 2-5-8　【插入函数】对话框

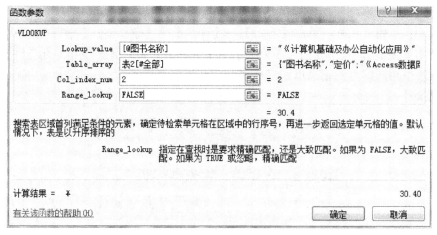

图 2-5-9　VLOOKUP 函数的【函数参数】对话框

（6）选择 H3 单元格，单击【公式】→【函数库】→【查找与引用】下拉列表，选择"VLOOKUP"函数弹出【函数参数】对话框，在【Lookup_value】参数框中输入"LEFT(G3,3)"，在【Table_array】参数框中选择"城市对照"表的 A2:B25 单元格区域，在【Col_index_num】参数框中输入"2"，在【Range_lookup】参数框中输入"FALSE"，单击【确定】按钮；然后双击 H3 单元格右下角的【填充柄】进行公式复制得到所有省市所属的区域。

　　(7) 选择 I3 单元格，单击【公式】→【函数库】→【逻辑】下拉列表 🔒 逻辑·，选择【IF】函数弹出如图 2-5-10 所示的【函数参数】对话框，在【Logical_test】参数框中输入"F3>=40"，在【Value_if_true】参数框中输入"E3*F3*0.93"，在【Value_if_false】参数框中输入"E3*F3"，单击【确定】按钮；然后双击 I3 单元格右下角的【填充柄】进行公式复制得到每笔订单的销售额小计。计算完成的效果如图 2-5-3 所示。

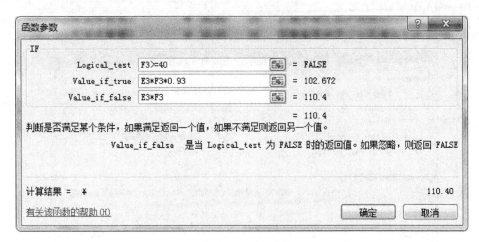

图 2-5-10　IF 函数的【函数参数】对话框

　　◇　相关知识

> 　　(1) LEFT 取左侧字符函数。
> 　　语法：LEFT(text，num_chars)。
> 　　参数：text 为要提取字符的字符串；num_chars 为需要提取的字符数，如果忽略则为 1。
> 　　(2) 当数据表套用表格格式后，Excel 把数据表作为数据库表格式保存并命名为表 1、表 2、…，可单击【公式】→【定义的名称】→【名称管理器】进行查看和编辑；数据表的关键字为数据列的名称，如[图书名称]、[发货地址]，而[@图书名称]表示该列中一个具体的数据。

2. 计算"统计报告"工作表

　　(1) 打开"统计报告"工作表，如图 2-5-11 所示，已经列出领导重点关注的统计项目；选择 B3 单元格，单击【公式】→【函数库】→【数学和三角函数】下拉列表 🔘 ·，选择"SUMIFS"函数弹出如图 2-5-12 所示的【函数参数】对话框，在【Sum_range】参数框中选择"订单明细"工作表的 I3:I354 单元格区域，在【Criteria_range1】参数框中选择"订单明细"工作表的 B3:B354 单元格区域，在【Criteria1】参数框中输入"<2017-1-1"，在【Criteria_range2】参数框中选择"订单明细"工作表的 C3:C354 单元格区域，在【Criteria2】参数框中输入"志翔书店"，单击【确定】按钮。

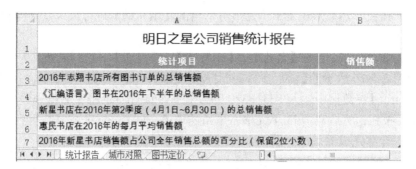

图 2-5-11 "统计报告"工作表

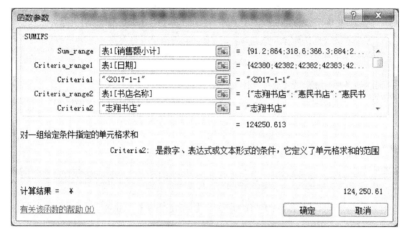

图 2-5-12 SUMIFS 函数的【函数参数】对话框

(2) 选择 B4 单元格，单击【公式】→【函数库】→【数学和三角函数】下拉列表 ，选择"SUMIFS"函数弹出【函数参数】对话框，在【Sum_range】参数框中选择"订单明细"表的 I3:I354 单元格区域，在【Criteria_range1】参数框中选择"订单明细"工作表的 D3:D354 单元格区域，在【Criteria1】参数框中输入"《汇编语言》"，在【Criteria_range2】参数框中选择"订单明细"表的 B3:B354 单元格区域，在【Criteria2】参数框中输入 ">=2016-7-1"，在【Criteria_range3】参数框中选择"订单明细"表的 B3:B354 单元格区域，在【Criteria3】参数框中输入"<2017-1-1"，单击【确定】按钮。

(3) 选择 B5 单元格，单击【公式】→【函数库】→【数学和三角函数】下拉列表 ，选择"SUMIFS"函数弹出【函数参数】对话框，在【Sum_range】参数框中选择"订单明细"表的 I3:I354 单元格区域，在【Criteria_range1】参数框中选择"订单明细"工作表的 C3:C354 单元格区域，在【Criteria1】参数框中输入"新星书店"，在【Criteria_range2】参数框中选择"订单明细"表的 B3:B354 单元格区域，在【Criteria2】参数框中输入 ">=2016-4-1"，在【Criteria_range3】参数框中选择"订单明细"表的 B3:B354 单元格区域，在【Criteria3】参数框中输入"<2016-7-1"，单击【确定】按钮。

(4) 选择 B6 单元格，单击【公式】→【函数库】→【数学和三角函数】下拉列表 ，选择"SUMIFS"函数弹出【函数参数】对话框，在【Sum_range】参数框中选择"订单明细"工作表的 I3:I354 单元格区域，在【Criteria_range1】参数框中选择"订单明细"工作表的 B3:B354 单元格区域，在【Criteria1】参数框中输入"<2017-1-1"，在【Criteria_range2】参数框中选择"订单明细"工作表的 C3:C354 单元格区域，在【Criteria2】参数框中输入"惠民书店"，单击【确定】按钮，然后在编辑栏的函数后面输入"/12"即可。

（5）选择 B7 单元格，单击【公式】→【函数库】→【数学和三角函数】下拉列表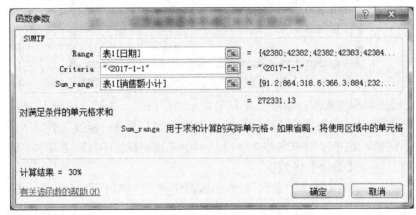，选择"SUMIFS"函数弹出【函数参数】对话框，在【Sum_range】参数框中选择"订单明细"工作表的 I3:I354 单元格区域，在【Criteria_range1】参数框中选择"订单明细"工作表的 B3:B354 单元格区域，在【Criteria1】参数框中输入"<2017-1-1"，在【Criteria_range2】参数框中选择"订单明细"工作表的 C3:C354 单元格区域，在【Criteria2】参数框中输入"新星书店"，单击【确定】按钮；然后在编辑栏的函数后面输入"/"运算符，再单击【公式】→【函数库】→【数学和三角函数】下拉列表，选择"SUMIF"函数弹出如图 2-5-13 所示的【函数参数】对话框，在【Range】参数框中选择"订单明细"工作表的 B3:B354 单元格区域，在【Criteria】参数框中输入"<2017-1-1"，在【Sum_range】参数框中选择"订单明细"工作表的 I3:I354 单元格区域，单击【确定】按钮。

图 2-5-13　SUMIF 函数的【函数参数】对话框

（6）选择 B3:B6 单元格区域，单击【开始】→【数字】→【常规】下拉列表，选择"会计专用"格式；选择 B7 单元格，单击【开始】→【数字】→【常规】下拉列表，选择"百分比"格式，再单击【开始】→【数字】→【增加小数位数】按钮 使结果保留 2 位小数。计算完成的效果如图 2-5-4 所示。

◇　相关知识

1. SUMIFS 多条件求和函数

语法：SUMIFS(sum_range，criteria_range，criteria，…)。

参数：sum_range 是求和的实际单元格；criteria_range 和 criteria 为 1 组条件，用序号 1、2、…表示，criteria_range 是特定条件所在的单元格区域，criteria 是数字、表达式或文本形式的条件。

2. SUMIF 条件求和函数

语法：SUMIF(range，criteria，sum_range)。

参数：range 是特定条件所在的单元格区域；criteria 是数字、表达式或文本形式的条件；sum_range 是求和的实际单元格。

3. 创建各销售区的透视表和透视图

(1) 创建透视表和透视图：打开"订单明细"工作表，选择数据表某个数据，单击【插入】→【表格】→【数据透视表】下拉列表，选择【数据透视图】弹出如图 2-5-14 所示的【创建数据透视表及数据透视图】对话框，确认【表/区域】框中已自动选择"订单明细"工作表的所有数据，并选中【新工作表】选项，单击【确定】按钮即在此工作表的左侧新增了一个工作表。

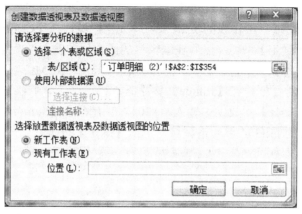

图 2-5-14　【创建数据透视表及数据透视图】对话框

(2) 布局透视表和透视图：新增工作表中有一个空白的"数据透视表 1"和"图表 1"，当前已选中"图表 1"，右侧显示【数据透视表字段列表】窗格；拖拽"所属区域"字段到【报表筛选】区域，选中"图书名称"字段显示于【轴字段(分类)】区域中，选中"销售额小计"字段显示于【数值】区域中。

(3) 将新增工作表名称改为"北区"，单击数据透视表【所属区域】右侧的【自动筛选】按钮，展开如图 2-5-15 所示的下拉列表，选择"北区"，单击【确定】按钮；选择 B4:B21 单元格区域，单击【开始】→【数字】组启动器，弹出【设置单元格格式】对话框，在【分类】中选择【数值】，选中【使用千位分隔符】选项，单击【确定】按钮。

图 2-5-15　数据透视表【所属区域】的"自动筛选"下拉列表

(4) 右击“北区”工作表标签，选择【移动或复制...】弹出【移动或复制工作表】对话框，选中【建立副本】选项，单击【确定】按钮即在左侧出现“北区(2)”工作表；将工作表名称改为“东区”，选择【所属区域】“自动筛选”列表中的“东区”即可；“南区”和“西区”的数据透视表和透视图均按此步骤完成。

4. 对“订单明细”表进行嵌套分类汇总

(1) 打开“订单明细”工作表，选择数据表中某一个数据，单击【数据】→【排序和筛选】→【排序】，弹出【排序】对话框，在【主要关键字】中选择“书店名称”；单击【添加条件】按钮，在出现的【次要关键字】中选择“图书名称”，单击【确定】按钮。

(2) 取消数据库表格式：单击【表格工具】→【工具】→【转换为区域】，在弹出询问“是否将表格转换为普通区域”的对话框中单击【是】按钮。

(3) 单击【数据】→【分级显示】→【分类汇总】，弹出【分类汇总】对话框；选择【分类字段】为“书店名称”，【汇总方式】为“求和”，【选定汇总项】为“销售额小计”，单击【确定】按钮。

(4) 再次单击【数据】→【分级显示】→【分类汇总】，弹出【分类汇总】对话框；选择【分类字段】为“图书名称”，【汇总方式】为“求和”，【选定汇总项】为“销售额小计”，取消【替换当前分类汇总】选项，单击【确定】按钮；单击工作表左侧的级别按钮【3】，即显示如图 2-5-16 所示的嵌套分类汇总结果。

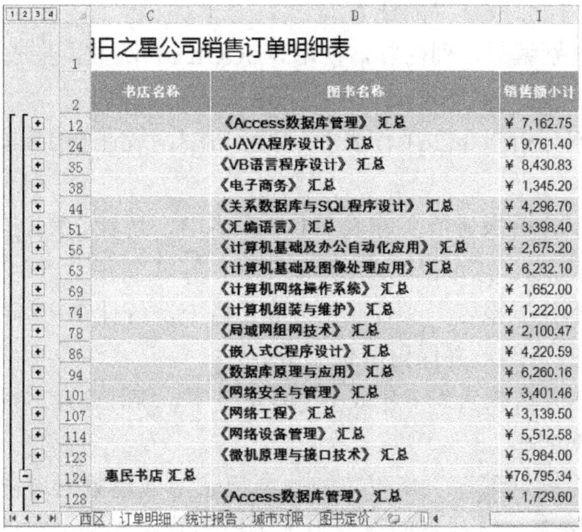

日之星公司销售订单明细表

	书店名称	图书名称	销售额小计
12		《Access数据库管理》 汇总	¥ 7,162.75
24		《JAVA程序设计》 汇总	¥ 9,761.40
35		《VB语言程序设计》 汇总	¥ 8,430.83
38		《电子商务》 汇总	¥ 1,345.20
44		《关系数据库与SQL程序设计》 汇总	¥ 4,296.70
51		《汇编语言》 汇总	¥ 3,398.40
56		《计算机基础及办公自动化应用》 汇总	¥ 2,675.20
63		《计算机基础及图像处理应用》 汇总	¥ 6,232.10
69		《计算机网络操作系统》 汇总	¥ 1,652.00
74		《计算机组装与维护》 汇总	¥ 1,222.00
78		《局域网组网技术》 汇总	¥ 2,100.47
86		《嵌入式C程序设计》 汇总	¥ 4,220.59
94		《数据库原理与应用》 汇总	¥ 6,260.16
101		《网络安全与管理》 汇总	¥ 3,401.46
107		《网络工程》 汇总	¥ 3,139.50
114		《网络设备管理》 汇总	¥ 5,512.58
123		《微机原理与接口技术》 汇总	¥ 5,984.00
124	惠民书店 汇总		¥76,795.34
128		《Access数据库管理》 汇总	¥ 1,729.60

图 2-5-16 “订单明细”表嵌套分类汇总结果(部分)

✧ 相关知识

当数据清单作为一个数据库表格式时，是不能进行分类汇总操作的，需要将数据库表格式转换为区域后才可以进行分类汇总操作。

任务总结

本任务利用图书销售数据进行重复记录行的显示和处理，常用数字格式的设置，常用函数的应用和函数嵌套，常用的数据处理方法排序、筛选、分类汇总、数据透视表和透视图的应用等。

实践演练

制作公司差旅报销统计分析工作簿

小赵是东方科技公司财务部助理，公司人员因业务经常出差，现小赵需要向主管汇报 2017 年度的公司差旅报销情况，具体要求如下：

1. 操作要求

(1) 打开"公司差旅报销统计分析"工作簿文件，在"费用报销管理"工作表"日期"列的所有单元格中，标注每个报销日期属于星期几，例如日期为"2017-1-20"的单元格应显示为"2017 年 1 月 20 日星期日"，日期为"2017-1-21"的单元格应显示为"2017 年 1 月 21 日星期一"。

(2) 如果"日期"列中的日期为星期六或星期日，则在"是否加班"列的单元格中显示"是"，否则显示"否"，必须使用公式或函数计算。

(3) 使用公式统计每个活动地点所在的省份或直辖市，并将其填写在"地区"列所对应的单元格中，例如"北京市""浙江省"。

(4) 依据"费用类别编号"列内容，使用 VLOOKUP 函数，生成"费用类别"列内容。对照关系参考"费用类别"工作表。

(5) 在"差旅成本分析报告"工作表 B3 单元格中，统计 2017 年第二季度发生在北京市的差旅费用总金额。

(6) 在"差旅成本分析报告"工作表 B4 单元格中，统计 2017 年员工刘延安报销的火车票费用总额。

(7) 在"差旅成本分析报告"工作表 B5 单元格中，统计 2017 年差旅费用中，飞机票费用占所有报销费用的比例，并保留两位小数。

(8) 在"差旅成本分析报告"工作表 B6 单元格中，统计 2017 年发生在周末(星期六和星期日)的通信补助总金额。

(9) 根据"费用报销管理"工作表中的数据记录，创建数据透视表和透视图，放置于"透视表和图"工作表中；透视表的报表筛选字段为费用类别，统计出所有报销人的差旅费用金额；其金额设置为带千分位的、保留两位小数的数值格式，并筛选"费用类别"为"酒店住宿"的差旅费用金额。

(10) 根据"费用报销管理"工作表中的数据记录，依次按"报销人"和"费用类别"升序排序；然后进行嵌套分类汇总，统计所有报销人报销的各种类别的差旅费用金额。

(11) 按照原名保存文件。

2. 作品效果图

制作公司差旅报销统计分析工作簿的作品效果如图 2-5-17～图 2-5-21 所示。

	日期	报销人	活动地点	地区	费用类别编号	费用类别	差旅费用金额	是否加班
			东方科技公司差旅报销管理					
3	2017年5月14日,星期日	陈必丰	山东省济南市经四小纬二路	山东省	BIC-003	餐饮费	¥ 246.00	是
4	2017年7月27日,星期四	陈必丰	北京市西城区宣武门西大街32号	北京市	BIC-003	餐饮费	¥ 345.00	否
5						餐饮费 汇总	¥ 591.00	
6	2017年5月23日,星期二	陈必丰	广东省深圳市南山区蛇口港湾大道2号	广东省	BIC-004	出租车费	¥ 200.00	否
7	2017年6月5日,星期一	陈必丰	北京市西城区宣武门西大街32号	北京市	BIC-004	出租车费	¥ 1,049.90	否
8	2017年6月27日,星期二	陈必丰	北京市西城区宣武门西大街32号	北京市	BIC-004	出租车费	¥ 606.50	否
9						出租车费 汇总	¥ 1,856.40	
10	2017年3月20日,星期一	陈必丰	北京市西城区宣武门西大街32号	北京市	BIC-001	飞机票	¥ 433.33	否
11	2017年5月5日,星期五	陈必丰	北京市西城区宣武门西大街32号	北京市	BIC-001	飞机票	¥ 1,253.33	否
12	2017年6月9日,星期五	陈必丰	广东省深圳市南山区蛇口港湾大道2号	广东省	BIC-001	飞机票	¥ 120.00	否
13						飞机票 汇总	¥ 1,806.67	

图 2-5-17 "费用报销管理"工作表效果图(部分)

	差旅成本分析报告	
2	统计项目	统计信息
3	2017年第二季度发生在北京市的差旅费用金额总计为:	¥ 31,420.47
4	2017年刘延安报销的火车票总计金额为:	¥ 2,306.63
5	2017年差旅费用金额中,飞机票占所有报销费用的比例(保留2位小数)	4.62%
6	2017年发生在周末(星期六和星期日)的通讯补助总金额为:	¥ 9,102.40

图 2-5-18 "差旅成本分析报告"工作表效果图

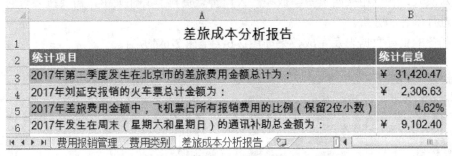

图 2-5-19 "透视表和图"工作表效果图

	报销人	费用类别	差旅费用金额	是否加班
5		餐饮费 汇总	¥ 591.00	
9		出租车费 汇总	¥ 1,856.40	
13		飞机票 汇总	¥ 1,806.67	
17		高速道桥费 汇总	¥ 574.00	
20		火车票 汇总	¥ 1,584.17	
22		酒店住宿 汇总	¥ 200.00	
26		其他 汇总	¥ 440.00	
30		燃油费 汇总	¥ 1,981.67	
33		停车费 汇总	¥ 1,814.53	
35		通讯补助 汇总	¥ 1,048.33	
36	陈必丰 汇总		¥ 11,896.77	
39		餐饮费 汇总	¥ 1,700.83	
41		出租车费 汇总	¥ 843.33	

	费用类别对照表	
1	类别编号	费用类别
3	BIC-001	飞机票
4	BIC-002	酒店住宿
5	BIC-003	餐饮费
6	BIC-004	出租车费
7	BIC-005	火车票
8	BIC-006	高速道桥费
9	BIC-007	燃油费
10	BIC-008	停车费
11	BIC-009	通讯补助
12	BIC-010	其他

图 2-5-20 "费用报销管理"嵌套分类汇总效果图(部分)　图 2-5-21 "费用类别"工作表

任务六　全国人口普查数据统计分析表制作

任务简介

中国人口发展形势非常严峻，为此国家统计局每十年进行一次全国人口普查，以掌握全国人口的增长速度及规模。吴强作为国家统计局的一名工作人员，已经下载来自网站的第五、六次人口普查相关网页资料放在"人口普查资料"文件夹中，需要按要求对人口普查数据进行统计和分析。

本任务的主要数据表及完成效果如图 2-6-1 至图 2-6-4 所示。

	A	B	C
1	地区	2000年人口数（万人）	2000年比重
2	安徽省	5986	4.73%
3	北京市	1382	1.09%
4	福建省	3471	2.74%
5	甘肃省	2562	2.02%
6	广东省	8642	6.83%
7	广西壮族自治区	4489	3.55%
8	贵州省	3525	2.78%
9	海南省	787	0.62%
10	河北省	6744	5.33%
11	河南省	9256	7.31%
12	黑龙江省	3689	2.91%
13	湖北省	6028	4.76%
14	湖南省	6440	5.09%
15	吉林省	2728	2.16%
16	江苏省	7438	5.88%
17	江西省	4140	3.27%
18	辽宁省	4238	3.35%
19	难以确定常住地	105	0.08%
20	内蒙古自治区	2376	1.88%
21	宁夏回族自治区	562	0.44%
22	青海省	518	0.41%
23	山东省	9079	7.17%
24	山西省	3297	2.60%
25	陕西省	3605	2.85%
26	上海市	1674	1.32%
27	四川省	8329	6.58%
28	天津市	1001	0.79%
29	西藏自治区	262	0.21%
30	新疆维吾尔自治区	1925	1.52%
31	云南省	4288	3.39%
32	浙江省	4677	3.69%
33	中国人民解放军现役军人	250	0.20%
34	重庆市	3090	2.44%

第5次人口普查数据　第6次人口普查数据　透视分析

图 2-6-1　"第 5 次人口普查数据"工作表

	A	B	C
1	地区	2010年人口数（万人）	2010年比重
2	北京市	1961	1.46%
3	天津市	1294	0.97%
4	河北省	7185	5.36%
5	山西省	3571	2.67%
6	内蒙古自治区	2471	1.84%
7	辽宁省	4375	3.27%
8	吉林省	2746	2.05%
9	黑龙江省	3831	2.86%
10	上海市	2302	1.72%
11	江苏省	7866	5.87%
12	浙江省	5443	4.06%
13	安徽省	5950	4.44%
14	福建省	3689	2.75%
15	江西省	4457	3.33%
16	山东省	9579	7.15%
17	河南省	9402	7.02%
18	湖北省	5724	4.27%
19	湖南省	6568	4.90%
20	广东省	10430	7.79%
21	广西壮族自治区	4603	3.44%
22	海南省	867	0.65%
23	重庆市	2885	2.15%
24	四川省	8042	6.00%
25	贵州省	3475	2.59%
26	云南省	4597	3.43%
27	西藏自治区	300	0.22%
28	陕西省	3733	2.79%
29	甘肃省	2558	1.91%
30	青海省	563	0.42%
31	宁夏回族自治区	630	0.47%
32	新疆维吾尔自治区	2181	1.63%
33	中国人民解放军现役军人	230	0.17%
34	难以确定常住地	465	0.35%

第5次人口普查数据　第6次人口普查数据　透视分析

图 2-6-2　"第 6 次人口普查数据"工作表

	A	B	C	D
1				
2				
3	行标签	求和项:2010年人口数（万人）	求和项:2010年比重	求和项:人口增长数
4	广东省	10430	7.79%	1788
5	山东省	9579	7.15%	500
6	河南省	9402	7.02%	146
7	四川省	8042	6.00%	-287
8	江苏省	7866	5.87%	428
9	河北省	7185	5.36%	441
10	湖南省	6568	4.90%	128
11	安徽省	5950	4.44%	-36
12	湖北省	5724	4.27%	-304
13	浙江省	5443	4.06%	766
14	总计	76189	56.86%	3570

第6次人口普查数据　透视分析　比较数据

图 2-6-3　"透视分析"工作表效果图

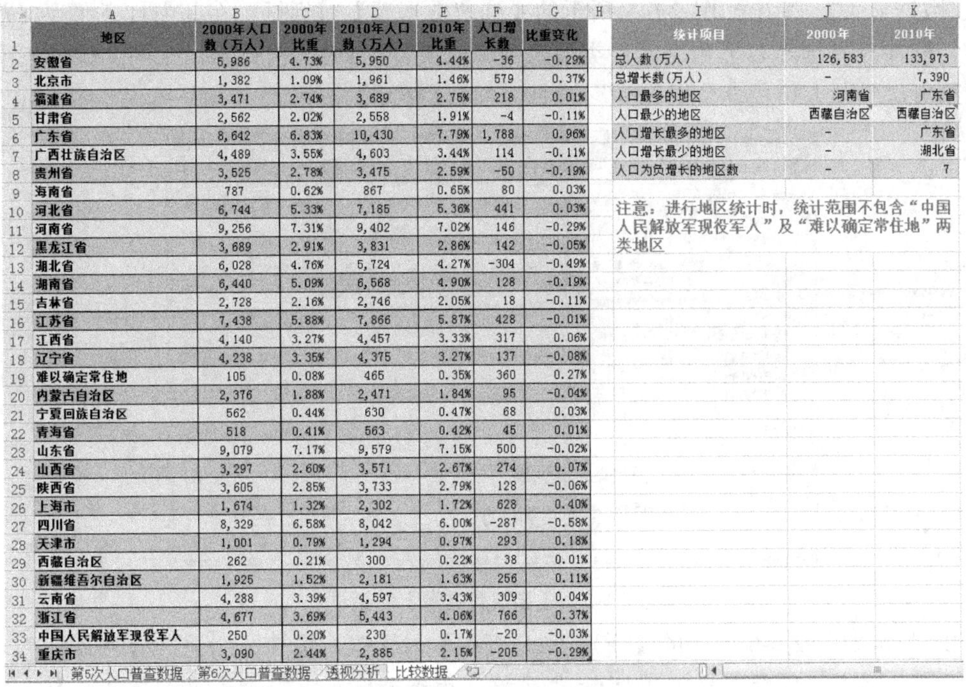

	A	B	C	D	E	F	G	H	I	J	K
1	地区	2000年人口数（万人）	2000年比重	2010年人口数（万人）	2010年比重	人口增长数	比重变化		统计项目	2000年	2010年
2	安徽省	5,986	4.73%	5,950	4.44%	-36	-0.29%		总人数（万人）	126,583	133,973
3	北京市	1,382	1.09%	1,961	1.46%	579	0.37%		总增长数（万人）		7,390
4	福建省	3,471	2.74%	3,689	2.75%	218	0.01%		人口最多的地区	河南省	广东省
5	甘肃省	2,562	2.02%	2,558	1.91%	-4	-0.11%		人口最少的地区	西藏自治区	西藏自治区
6	广东省	8,642	6.83%	10,430	7.79%	1,788	0.96%		人口增长最多的地区	-	广东省
7	广西壮族自治区	4,489	3.55%	4,603	3.44%	114	-0.11%		人口增长最少的地区	-	湖北省
8	贵州省	3,525	2.78%	3,475	2.59%	-50	-0.19%		人口为负增长的地区数		7
9	海南省	787	0.62%	867	0.65%	80	0.03%				
10	河北省	6,744	5.33%	7,185	5.36%	441	0.03%		注：进行地区统计时，统计范围不包含"中国		
11	河南省	9,256	7.31%	9,402	7.02%	146	-0.29%		人民解放军现役军人"及"难以确定常住地"两		
12	黑龙江省	3,689	2.91%	3,831	2.86%	142	-0.05%		类地区		
13	湖北省	6,028	4.76%	5,724	4.27%	-304	-0.49%				
14	湖南省	6,440	5.09%	6,568	4.90%	128	-0.19%				
15	吉林省	2,728	2.16%	2,746	2.05%	18	-0.11%				
16	江苏省	7,438	5.88%	7,866	5.87%	428	-0.01%				
17	江西省	4,140	3.27%	4,457	3.33%	317	0.06%				
18	辽宁省	4,238	3.35%	4,375	3.27%	137	-0.08%				
19	难以确定常住地	105	0.08%	465	0.35%	360	0.27%				
20	内蒙古自治区	2,376	1.88%	2,471	1.84%	95	-0.04%				
21	宁夏回族自治区	562	0.44%	630	0.47%	68	0.03%				
22	青海省	518	0.41%	563	0.42%	45	0.01%				
23	山东省	9,079	7.17%	9,579	7.15%	500	-0.02%				
24	山西省	3,297	2.60%	3,571	2.67%	274	0.07%				
25	陕西省	3,605	2.85%	3,733	2.79%	128	-0.06%				
26	上海市	1,674	1.32%	2,302	1.72%	628	0.40%				
27	四川省	8,329	6.58%	8,042	6.00%	-287	-0.58%				
28	天津市	1,001	0.79%	1,294	0.97%	293	0.18%				
29	西藏自治区	262	0.21%	300	0.22%	38	0.01%				
30	新疆维吾尔自治区	1,925	1.52%	2,181	1.63%	256	0.11%				
31	云南省	4,288	3.39%	4,597	3.43%	309	0.04%				
32	浙江省	4,677	3.69%	5,443	4.06%	766	0.37%				
33	中国人民解放军现役军人	250	0.20%	230	0.17%	-20	-0.03%				
34	重庆市	3,090	2.44%	2,885	2.15%	-205	-0.29%				

第5次人口普查数据 | 第6次人口普查数据 | 透视分析 | 比较数据

图 2-6-4 "比较数据"工作表效果图

任务目标

本任务要求熟练掌握 Excel 的套用表格格式、数字格式等基本操作，熟悉 SUM、INDEX、MATCH、MIN、IF、MAX、COUNTIF 等函数的应用；理解数组公式，熟悉合并计算、数据透视表等数据处理方法的使用。

知识链接

- ➢ 基本操作：单元格大小、套用表格格式、数字格式、创建批注。
- ➢ 函数应用：SUM、INDEX、MATCH、MIN、IF、MAX、COUNTIF 等。
- ➢ 公式应用：数组公式的使用方法。
- ➢ 数据处理：导入外部数据、合并计算、筛选、数据透视表。

操作步骤

1. 导入人口普查数据进行合并及计算

(1) 新建一个空白 Excel 文档，将 Sheet1 工作表改名为"第 5 次人口普查数据"，选择 A1 单元格，单击【数据】→【获取外部数据】→【自其他来源】下拉列表，选择【来自

XML 数据导入】，弹出如图 2-6-5 所示的【选取数据源】对话框，在其中打开"人口普查资料"文件夹，选择右下角的文件类型为【所有文件(*.*)】，在显示出来的文件列表中选择"第五次全国人口普查公报.htm"文件，单击【打开】按钮。

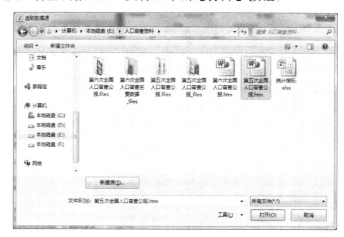

图 2-6-5　【选取数据源】对话框

(2) 弹出如图 2-6-6 所示的【新建 Web 查询】对话框，拖拽右侧垂直滑块显示"2000年第五次全国人口普查主要数据(大陆)"表格，单击表格左上角的按钮➡，单击【导入】按钮弹出如图 2-6-7 所示的【导入数据】对话框，确认【数据的放置位置】为【现有工作表】的 A1 单元格，单击【确定】按钮即可。

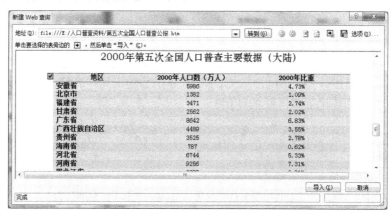

图 2-6-6　【新建 Web 查询】对话框

图 2-6-7　【导入数据】对话框

(3) 单击【开始】→【样式】→【套用表格格式】下拉列表，选择【浅色】列表中的

【表样式浅色 19】，弹出【套用表格式】对话框，单击【确定】按钮，弹出如图 2-6-8 所示的【Microsoft Excel】对话框，单击【是(Y)】按钮；选择 B、C 列数据和 A1 单元格，将其设置为居中对齐，选择第一列数据将其设置为加粗格式，完成效果如图 2-6-1 所示。

图 2-6-8 【Microsoft Excel】对话框

(4) 将 Sheet2 工作表改名为"第 6 次人口普查数据"，按照步骤(1)～(3)完成"2010 年第六次全国人口普查主要数据(大陆)"数据表的导入及格式化工作，完成效果如图 2-6-2 所示；并以"全国人口普查数据分析"为文件名保存。

(5) 将 Sheet3 工作表改名为"比较数据"，选择 A1 单元格，单击【数据】→【数据工具】→【合并计算】，弹出如图 2-6-9 所示的【合并计算】对话框；单击【引用位置】的折叠按钮，选择"第 5 次人口普查数据"工作表的 A1:C34 单元格区域，单击展开按钮展开对话框，单击【添加】按钮使其显示在【所有引用位置】列表中；然后选择"第 6 次人口普查数据"工作表的 A1:C34 单元格区域，单击【添加】按钮使其显示在【所有引用位置】列表中；选中【标签位置】中的【首行】和【最左列】选项，单击【确定】按钮。

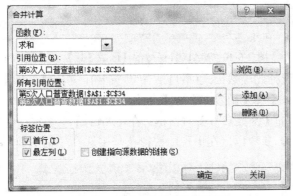

图 2-6-9 【合并计算】对话框

(6) 单击【开始】→【单元格】→【格式】下拉列表，选择【自动调整列宽】；在 A1 单元格中输入"地区"，在 F1 单元格输入"人口增长数"，在 G1 单元格输入"比重变化"；选择整个数据表，单击【开始】→【样式】→【套用表格格式】下拉列表，选择【表样式中等深浅 9】。

(7) 选择 F2 单元格，输入公式"= D2-B2"，选择 G2 单元格，输入公式"= E2-C2"，选择 F2:G2 单元格区域，双击右下角的填充柄，复制公式完成其他记录行的计算。

◇ 相关知识

> 导入数据：对于已下载的网页中的表格，也可以打开网页将其中的表格进行复制，粘贴到 Excel 工作表中。
>
> 合并计算：将多个数据表区域、多张工作表进行计算，将结果放在另一数据区域或新工作表中，是数组公式的一种使用方法。

2. 导入"统计指标"数据并计算

(1) 打开"人口普查资料"文件夹中的"统计指标"文件，复制其中的统计表到"比较数据"工作表 I1 单元格开始的位置，统计表中有"—"符号的单元格为不需要统计的项目。

(2) 计算总人数和总增长数：选择 J2 单元格，输入公式"=SUM(B2:B34)"，选择 K2 单元格，输入公式"=SUM(D2:D34)"；选择 K3 单元格，输入公式"= K2–J2"。

(3) 选择 J4 单元格，单击【公式】→【函数库】→【查找和引用】下拉列表，选择"MATCH"函数，弹出如图 2-6-10 所示的【函数参数】对话框；在【Lookup_value】参数框中输入"MAX(B2:B34)"，在【Lookup_array】参数框中选择 B2:B34 单元格区域，在【Match_type】参数框中输入"0"，单击【确定】按钮。

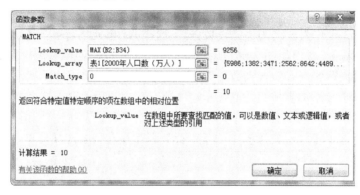

图 2-6-10　MATCH 函数的【函数参数】对话框

(4) 在编辑栏中选择此函数公式(不包括"="符号)，单击【开始】→【剪贴板】→【剪切】按钮；单击【公式】→【函数库】→【查找与引用】下拉列表，选择"INDEX"函数，弹出如图 2-6-11 所示的【函数参数】对话框；在【Array】参数框中选择 A2:A34 单元格区域，右击【Row_num】参数框，在出现的快捷菜单中选择【粘贴】，单击【确定】按钮。

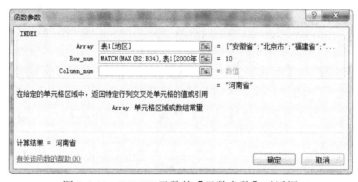

图 2-6-11　INDEX 函数的【函数参数】对话框

(5) 选择 K4 单元格，按照步骤(3)、(4)完成对 2010 年人口最多的地区的计算。

(6) 计算人口最少的人口数(排除"难以确定常住地"和"中国人民解放军现役军人"的人口数)：选择 J5 单元格，单击【公式】→【函数库】→【逻辑】下拉列表，选择"IF"函数，弹出如图 2-6-12 所示的【函数参数】对话框，在【Logical_test】参数框中输入"(A2: A34=A19)+(A2: A34=A33)"，在【Value_if_true】参数框中输入"FALSE"，在【Value_if_false】

参数框中输入"B2:B34",单击【确定】按钮;然后在编辑栏中选择整个 IF 函数(不包括左侧的"="符号)进行剪切,然后输入"MIN()",在这对圆括号中进行粘贴,使公式变为"=MIN(IF((A2:A34=A19)+(A2:A34=A33),FALSE,B2:B34))",再按 Ctrl+Shift+Enter 组合键得到一个数组公式计算结果"262"。

图 2-6-12　IF 函数的【函数参数】对话框

(7) 计算此人口数所在的位置:在编辑栏中选择整个公式(不包括左侧的"="符号)进行剪切,然后输入"MATCH()",单击编辑栏左侧的【插入函数】按钮,弹出如图 2-6-13 所示的【函数参数】对话框;右击【Lookup_value】参数框,在出现的快捷菜单中选择【粘贴】,在【Lookup_array】参数框中选择 B2:B34 单元格区域,在【Match_type】参数框中输入"0",单击【确定】按钮。

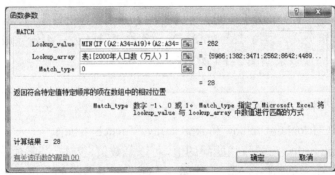

图 2-6-13　MATCH 函数的【函数参数】对话框

(8) 计算此位置所对应的地区:在编辑栏中选择整个公式(不包括左侧的"="符号)进行剪切,然后输入"INDEX()",单击编辑栏左侧的【插入函数】按钮,弹出如图 2-6-14 所示的【选定参数】对话框,选择第一种引用类型,单击【确定】按钮;弹出如图 2-6-15 所示的【函数参数】对话框;在【Array】参数框中选择 A2:A34 单元格区域,右击【Row_num】参数框,在出现的快捷菜单中选择【粘贴】,单击【确定】按钮。

图 2-6-14　INDEX 函数的【选定参数】对话框

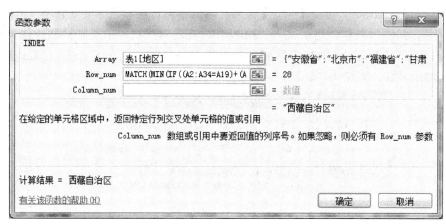

图 2-6-15　INDEX 函数的【函数参数】对话框

(9) 选择 K5 单元格，按照步骤(6)、(7)、(8)完成对 2010 年人口最少地区的计算。

(10) 计算人口增长最多的地区：选择 K6 单元格，输入公式"=INDEX(A2:A34，MATCH (MAX(F2:F34)，F2:F34，0))"即可。

(11) 计算人口增长最少的地区：选择 K7 单元格，输入公式"=INDEX(A2:A34，MATCH (MIN(F2:F34)，F2:F34，0))"即可。

(12) 计算人口为负增长的地区数：选择 K8 单元格，输入公式"=COUNTIF (F2:F34，"<0")"即可。

(13) 选择 J5 单元格，单击【审阅】→【批注】→【新建批注】，在出现的批注编辑框中输入"此处为数组公式，须按 Ctrl+Shift+Enter 组合键确认公式编辑完成"，K5 单元格也设置同样的批注。完成效果如图 2-6-4 所示。

◇　相关知识

---

1. MATCH 获取元素位置函数

语法：MATCH(lookup_value，lookup_array，[match_type])。

参数：lookup_value 为要查找匹配的值，可以是数值、文本、逻辑值或引用。lookup_ array 为要搜索的连续单元格区域，一个数组，或是对某数组的引用。match_type 为可选项，取 1 或省略时，查找小于或等于匹配值的最大值，但要求搜索区域需先按升序排序；取 0 时查找等于匹配值的第一值；取 −1 时查找大于或等于匹配值的最小值，但要求搜索区域需先按降序排列。

2. INDEX 获取特定位置值函数

语法：INDEX(array，row_num，[column_num])。

参数：array 为单元格区域或数组常量；row_num 为特定值的行序号；column_num 为可选项，为特定值的列序号。

3. 数组公式

数组公式是数组进行运算的等式。在 Excel 中要将一个公式设置为数组公式，只需单击编辑栏中的公式，按下 Ctrl+Shift+Enter 组合键，即可出现一对"{}"花括号将整个公式置于其中，表示为数组公式。

3. 创建"透视分析"工作表

(1) 打开"比较数据"工作表,选择 A1:G34 单元格,单击【插入】→【表格】→【数据透视表】下拉列表,选择【数据透视表】,在弹出的【创建数据透视表】对话框中单击【确定】按钮,在"比较数据"工作表左侧出现 Sheet1 工作表。

(2) 将 Sheet1 工作表改名为"透视分析",选中右侧【选择要添加到报表的字段】列表中的"地区"出现在【行标签】区域中,选中"2010 年人口数(万人)""2010 年比重""人口增长数"三个字段出现在【Σ数值】区域中。

(3) 单击透视表中【行标签】的【自动筛选】按钮,在展开的下拉列表中选择【值筛选】→【大于】,弹出如图 2-6-16 所示的【值筛选(地区)】对话框,在右侧的文本框中输入"5000",单击【确定】按钮。

图 2-6-16 【值筛选(地区)】对话框

(4) 再次单击【行标签】的【自动筛选】按钮,在展开的下拉列表中选择【降序】,选择 C4:C14 单元格区域,单击【开始】→【数字】→【百分比】,并保留 2 位小数。完成效果如图 2-6-3 所示。

任务总结

本任务利用人口普查数据介绍外部数据导入、常用函数的应用和函数嵌套、数组公式的使用方法,以及合并计算、数据透视表等数据处理方法的应用等。

实践演练

制作生活开支明细表数据分析表

小美是一名参加工作不久的女大学生,她习惯使用 Excel 表格来记录每月的个人开支情况。在 2018 年底,小美将每个月各类支出的明细数据录入了名为"生活开支明细表.xlsx"的 Excel 工作簿文档中,然后根据下列要求对明细表进行整理和分析。

1. 操作要求

(1) 在工作表"小美的美好生活.xlsx"的第一行添加表标题"小美 2018 年开支明细表",并通过合并单元格,放于整个表的上端、居中。

(2) 将工作表应用一种主题,并增大字号,适当加大行高列宽,设置居中对齐方式,除表标题"小美 2018 年开支明细表"外,为工作表分别增加适当的边框和底纹以使工作表更加美观。

(3) 将每月各类支出及总支出对应的单元格数据类型都设为“货币”类型，无小数、有人民币货币符号。

(4) 通过函数计算每个月的总支出、各个类别月均支出、每月平均总支出；并按每个月总支出升序对工作表进行排序。

(5) 利用“条件格式”功能，将月单项开支金额中大于 1000 元的数据所在单元格以红色字体与黄色底纹显示；将月总支出额中大于月均总支出 110%的数据所在单元格以绿色底纹显示，所用颜色深浅以不遮挡数据为宜。

(6) 在“年月”与“服装服饰”列之间插入新列“季度”，根据月份由函数计算出结果。例如：1～3 月对应“1 季度”，4～6 月对应“2 季度”，依此类推。

(7) 复制工作表“小美的美好生活”，将副本放置到原表右侧；改变该副本工作表标签的颜色为橙色，并重命名为“按季度汇总”；删除“月均开销”对应行。

(8) 通过分类汇总功能，按季度升序求出每个季度各类开支的月均支出金额。

(9) 在“按季度汇总”工作表后面新建名为“折线图”的工作表，在该工作表中以分类汇总结果为基础，创建一个带数据标记的折线图，水平轴标签为各类开支，对各类开支的季度平均支出进行比较，给每类开支的最高季度月均支出值添加数据标签。

(10) 以原名保存文件。

2. 作品效果图

制作生活开支明细表数据分析表作品效果如图 2-6-17～图 2-6-19 所示。

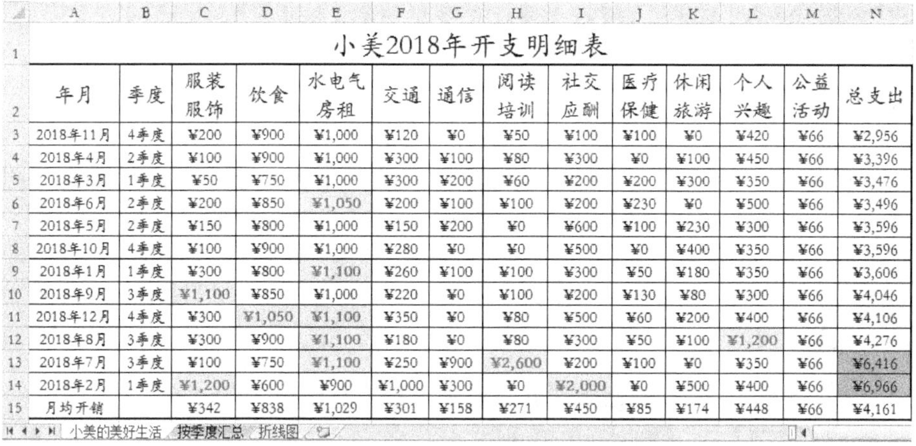

小美2018年开支明细表

年月	季度	服装服饰	饮食	水电气房租	交通	通信	阅读培训	社交应酬	医疗保健	休闲旅游	个人兴趣	公益活动	总支出
2018年11月	4季度	¥200	¥900	¥1,000	¥120	¥0	¥50	¥100	¥100	¥0	¥420	¥66	¥2,956
2018年4月	2季度	¥100	¥900	¥1,000	¥300	¥100	¥80	¥300	¥0	¥100	¥450	¥66	¥3,396
2018年3月	1季度	¥50	¥750	¥1,000	¥300	¥200	¥60	¥200	¥200	¥300	¥350	¥66	¥3,476
2018年6月	2季度	¥200	¥850	¥1,050	¥200	¥100	¥100	¥200	¥230	¥0	¥500	¥66	¥3,496
2018年5月	2季度	¥150	¥800	¥1,000	¥150	¥200	¥0	¥600	¥100	¥230	¥300	¥66	¥3,596
2018年10月	4季度	¥100	¥900	¥1,000	¥280	¥0	¥0	¥500	¥0	¥400	¥350	¥66	¥3,596
2018年1月	1季度	¥300	¥800	¥1,100	¥260	¥100	¥100	¥300	¥50	¥180	¥350	¥66	¥3,606
2018年9月	3季度	¥1,100	¥850	¥1,000	¥220	¥0	¥100	¥200	¥130	¥80	¥300	¥66	¥4,046
2018年12月	4季度	¥300	¥1,050	¥1,100	¥350	¥0	¥80	¥500	¥60	¥200	¥400	¥66	¥4,106
2018年8月	3季度	¥300	¥900	¥1,100	¥180	¥0	¥80	¥300	¥50	¥100	¥1,200	¥66	¥4,276
2018年7月	3季度	¥100	¥750	¥1,100	¥250	¥900	¥2,600	¥200	¥100	¥0	¥350	¥66	¥6,416
2018年2月	1季度	¥1,200	¥600	¥900	¥1,000	¥300	¥0	¥2,000	¥0	¥500	¥400	¥66	¥6,966
月均开销		¥342	¥838	¥1,029	¥301	¥158	¥271	¥450	¥85	¥174	¥448	¥66	¥4,161

图 2-6-17　“小美的美好生活”工作表

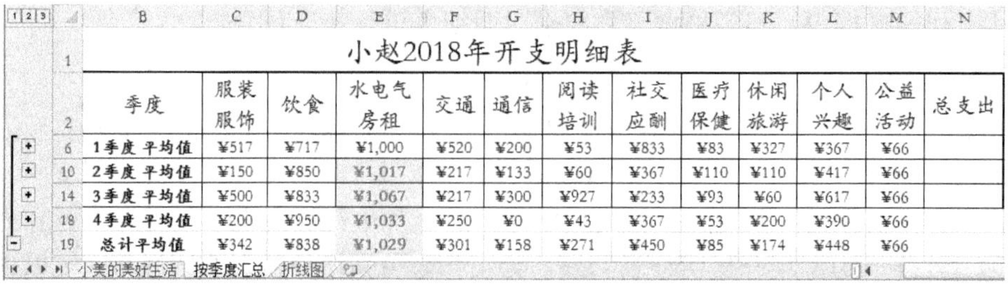

小赵2018年开支明细表

季度	服装服饰	饮食	水电气房租	交通	通信	阅读培训	社交应酬	医疗保健	休闲旅游	个人兴趣	公益活动	总支出
1季度 平均值	¥517	¥717	¥1,000	¥520	¥200	¥53	¥833	¥83	¥327	¥367	¥66	
2季度 平均值	¥150	¥850	¥1,017	¥217	¥133	¥60	¥367	¥110	¥110	¥417	¥66	
3季度 平均值	¥500	¥833	¥1,067	¥217	¥300	¥927	¥233	¥93	¥60	¥617	¥66	
4季度 平均值	¥200	¥950	¥1,033	¥250	¥0	¥43	¥367	¥53	¥200	¥390	¥66	
总计平均值	¥342	¥838	¥1,029	¥301	¥158	¥271	¥450	¥85	¥174	¥448	¥66	

图 2-6-18　“按季度汇总”工作表

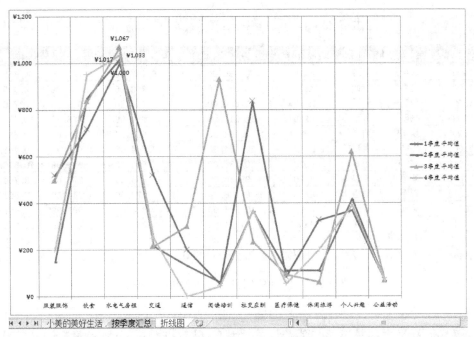

图 2-6-19 "折线图"工作表

任务七 员工工资及奖金发放表制作

任务简介

每年年终，阳光公司都会给在职员工发放年终奖金，公司会计小颜已从人事处获取了员工的档案资料，需要利用其中的数据计算年终奖金的个人所得税及 12 月工资表，并为每位员工制作工资条，完成一个工资账套文件的制作。

工资奖金的计算及工资条制作的效果如图 2-7-1～图 2-7-5 所示。

工号	姓名	部门	职务	身份证号	性别	出生日期	年龄	学历	入职时间	工龄	签约月工资
YG001	许明	管理	总经理	1101081963010201	男	1963年01月02	56	博士	1981年2月	37	40,000.00
YG002	赵春	行政	文秘	1101051989030401	女	1989年03月04	29	大专	2012年3月	6	4,800.00
YG003	唐丰	管理	研发经理	3101081977121211	男	1977年12月12	41	硕士	2003年7月	15	12,000.00
YG004	张祥	研发	员工	372208197910090	2 男	1979年10月09	39	本科	2003年7月	15	7,000.00
YG005	马明	人事	员工	1101011972090211	男	1972年09月02	46	本科	2001年6月	17	6,200.00
YG006	李明	研发	员工	1101081988121201	女	1988年12月12	30	本科	2005年9月	13	5,500.00
YG007	石中	管理	部门经理	4102051974122782	男	1974年12月27	44	硕士	2001年3月	17	10,000.00
YG008	邓纳	管理	销售经理	1101021973051201	女	1973年05月12	45	硕士	2001年10月	17	18,000.00
YG009	唐	行政	员工	5510181986073011	男	1986年07月30	32	本科	2010年5月	8	6,000.00
YG010	甘红	研发	员工	372208198510070	2 男	1985年10月07	33	本科	2009年5月	9	6,000.00
YG011	李娇	研发	员工	4102051979082782	男	1979年08月27	39	本科	2011年4月	7	5,000.00
YG012	费娜	销售	员工	1101061985040401	女	1985年04月04	33	大专	2013年1月	6	4,500.00
YG013	孙相	研发	项目经理	3701081978022031	男	1978年02月20	40	硕士	2003年8月	15	12,000.00
YG014	吴天	行政	员工	6103081981110203	男	1981年11月02	37	本科	2009年5月	9	5,700.00
YG015	钱无	管理	人事经理	4203161974092832	男	1974年09月28	44	硕士	2006年12月	12	15,000.00

图 2-7-1 "员工基础档案"工作表效果图(部分)

阳光公司2018年度年终奖金计算表

员工编号	姓名	部门	基本月工资	应发奖金	月应税所得额	应交个税	实发奖金
YG001	许明	管理	40050	72,090.00	6,007.50	7,758.00	64,332.00
YG002	赵春	行政	4820	8,676.00	723.00	260.28	8,415.72
YG003	唐丰	管理	12030	21,654.00	1,804.50	905.40	20,748.60
YG005	马明	人事	6230	11,214.00	934.50	336.42	10,877.58
YG006	李明	研发	5530	9,954.00	829.50	298.62	9,655.38
YG008	邓纳	管理	18030	32,454.00	2,704.50	1,985.40	30,468.60
YG010	甘	研发	6020	10,836.00	903.00	325.08	10,510.92
YG011	李娴然	研发	5020	9,036.00	753.00	271.08	8,764.92
YG012	费婉	销售	4520	8,136.00	678.00	244.08	7,891.92
YG014	吴天	行政	5720	10,296.00	858.00	308.88	9,987.12
YG015	钱无	管理	15030	27,054.00	2,254.50	1,445.40	25,608.60
YG017	石蜿	研发	18030	32,454.00	2,704.50	1,985.40	30,468.60

图 2-7-2　"年终奖金"工作表效果图(部分)

阳光公司2018年12月份员工工资表

员工编号	姓名	部门	基本工资	应发年终奖金	补贴	扣除病事假	应发工资奖金	扣除社保	应纳税所得额	工资个税	奖金个税	实发工资奖金
YG001	许明	管理	40,050.00	72,090.00	260.00	230.00	112,170.00	460.00	36,580.00	8,219.00	7,758.00	95,733.00
YG002	赵春	行政	4,820.00	8,676.00	260.00	352.00	13,404.00	309.00	1,228.00	36.84	260.28	12,797.88
YG003	唐丰	管理	12,030.00	21,654.00	260.00	—	33,944.00	289.00	8,790.00	1,203.00	905.40	31,546.60
YG005	马明	人事	6,230.00	11,214.00	260.00	130.00	17,574.00	360.00	2,860.00	181.00	336.42	16,696.58
YG006	李明	研发	5,530.00	9,954.00	260.00	—	15,744.00	289.00	2,290.00	124.00	298.62	15,032.38
YG008	邓纳	管理	18,030.00	32,454.00	260.00	—	50,744.00	289.00	14,790.00	2,692.50	1,985.40	45,777.10
YG010	甘	研发	6,020.00	10,836.00	260.00	—	17,116.00	206.00	2,780.00	173.00	325.08	16,411.92
YG011	李娴	研发	5,020.00	9,036.00	260.00	155.00	14,161.00	308.00	1,625.00	57.50	271.08	13,524.42
YG012	费婉	销售	4,520.00	8,136.00	260.00	—	12,916.00	289.00	1,280.00	38.40	244.08	12,344.52
YG014	吴天	行政	5,720.00	10,296.00	260.00	25.00	16,251.00	289.00	2,455.00	140.50	308.88	15,512.62
YG015	钱无	管理	15,030.00	27,054.00	260.00	—	42,344.00	289.00	11,790.00	1,942.50	1,445.40	38,667.10

图 2-7-3　"12月工资表"工作表效果图(部分)

个人所得税税率表
（含税级距，工资、薪金所得适用）

级数	月应税所得额	税率%	速算扣除数
1	不超过1500元的	3%	0
2	超过1500元至4500元的部分	10%	105
3	超过4500元至9000元的部分	20%	555
4	超过9000元至35000元的部分	25%	1005
5	超过35000元至55000元的部分	30%	2755
6	超过55000元至80000元的部分	35%	5505
7	超过80000元的部分	45%	13505
个人所得税费用减除标准		3500	

图 2-7-4　"个人所得税税率"工作表

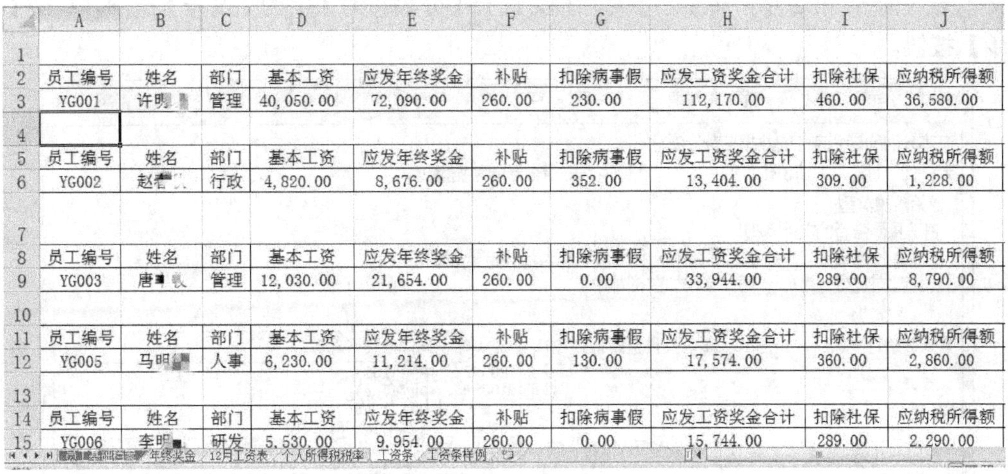

	A	B	C	D	E	F	G	H	I	J
1										
2	员工编号	姓名	部门	基本工资	应发年终奖金	补贴	扣除病事假	应发工资奖金合计	扣除社保	应纳税所得额
3	YG001	许明	管理	40,050.00	72,090.00	260.00	230.00	112,170.00	460.00	36,580.00
4										
5	员工编号	姓名	部门	基本工资	应发年终奖金	补贴	扣除病事假	应发工资奖金合计	扣除社保	应纳税所得额
6	YG002	赵	行政	4,820.00	8,676.00	260.00	352.00	13,404.00	309.00	1,228.00
7										
8	员工编号	姓名	部门	基本工资	应发年终奖金	补贴	扣除病事假	应发工资奖金合计	扣除社保	应纳税所得额
9	YG003	唐	管理	12,030.00	21,654.00	260.00	0.00	33,944.00	289.00	8,790.00
10										
11	员工编号	姓名	部门	基本工资	应发年终奖金	补贴	扣除病事假	应发工资奖金合计	扣除社保	应纳税所得额
12	YG005	马明	人事	6,230.00	11,214.00	260.00	130.00	17,574.00	360.00	2,860.00
13										
14	员工编号	姓名	部门	基本工资	应发年终奖金	补贴	扣除病事假	应发工资奖金合计	扣除社保	应纳税所得额
15	YG006	李明	研发	5,530.00	9,954.00	260.00	0.00	15,744.00	289.00	2,290.00

图 2-7-5　"工资条"工作表效果图(部分)

任务目标

本任务要求熟练掌握 Excel 的套用表格格式、单元格格式、页面布局等基本操作，熟悉外部数据的导入方法，熟悉 LEFT、MID、DATE、INT、IF、VLOOKUP、ROUND、ROW、COLUMN、INDEX 等函数的应用。

知识链接

➢ 基本操作：单元格大小、套用表格格式、单元格格式、页面布局。
➢ 函数应用：LEFT、MID、DATE、INT、IF、VLOOKUP、ROUND、ROW、COLUMN、INDEX 等。

操作步骤

1. 导入"员工档案"数据并计算

(1) 打开"阳光公司员工工资及奖金发放表"工作簿文件，右击"年终奖金"工作表标签，选择【插入…】，在弹出的【插入】对话框中选择【工作表】，单击【确定】按钮即在左侧出现"Sheet1"的空白工作表，将其改名为"员工基础档案"；右击"员工基础档案"工作表标签，选择【工作表标签颜色】下拉列表【标准色】中的红色。

(2) 单击【数据】→【获取外部数据】→【自文本】，弹出【导入文本文件】对话框，在其中找到"员工档案.csv"文件，单击【打开】按钮。

(3) 弹出如图 2-7-6 所示的【文本导入向导-第 1 步，共 3 步】对话框，在【文件原始格式】下拉列表中选择一种简体中文格式，单击【下一步】按钮；弹出如图 2-7-7 所示的

【文本导入向导-第2步，共3步】对话框，选择【分隔符号】中的【逗号】选项，单击【下一步】按钮。

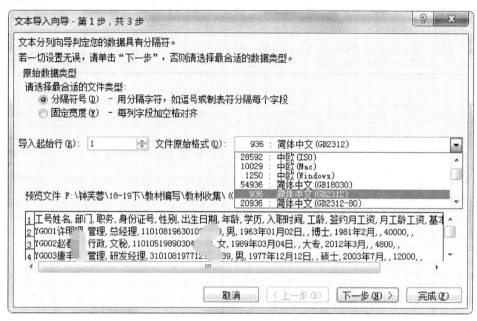

图 2-7-6 【文本导入向导-第1步，共3步】对话框

图 2-7-7 【文本导入向导-第2步，共3步】对话框

（4）弹出如图 2-7-8 所示的【文本导入向导-第3步，共3步】对话框，在【数据预览】列表中单击"身份证号"所在的第4列，选择【列数据格式】中的【文本】选项；单击"入职时间"所在的第9列，选择【列数据格式】中的【日期】选项，单击【完成】按钮；在弹出的【导入数据】对话框中单击【确定】按钮即导入"员工档案.csv"文件中的数据。

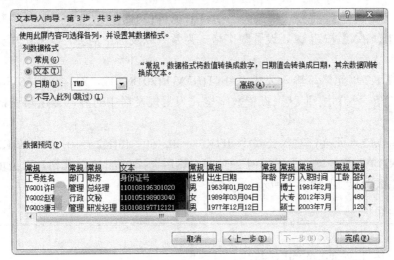

图 2-7-8　【文本导入向导-第 3 步，共 3 步】对话框

(5) 在 B 列前插入两个空列，在 B1 单元格中输入"工号"，选择 B2 单元格输入公式"=LEFT(A2，5)"，双击填充柄进行公式填充；然后选择 B2:B102 单元格区域进行复制操作，右击 B2 单元格，在出现的快捷菜单选择【粘贴选项】中的【值】按钮⑫从而保留公式计算结果而删除公式。

(6) 在 C1 单元格输入"姓名"，在 C2 单元格输入公式"=MID(A2，6，4)"，双击填充柄进行公式填充；然后选择 C2:C102 单元格区域进行复制操作，右击 C2 单元格，在出现的快捷菜单中选择【粘贴选项】中的【值】按钮⑫；再右击 A 列在快捷菜单中选择【删除】即可。

(7) 选择"签约月工资""月工龄工资""基本月工资"三列的数据区域，单击【开始】→【数字】组启动器，弹出【设置单元格格式】对话框，在【数字】选项卡的【分类】列表中选择【会计专用】，货币符号选择【无】，单击【确定】按钮；然后单击【开始】→【样式】→【套用表格格式】下拉列表，选择【样式中等深浅 13】，弹出【套用表格格式】对话框，单击【确定】按钮，弹出【Microsoft Excel】对话框，单击【是(Y)】按钮，再设置整个数据表自动调整列宽。

(8) 选择 H2 单元格，单击【公式】→【函数库】→【日期和时间】下拉列表，选择"DATE"函数弹出如图 2-7-9 所示的【函数参数】对话框，在【Year】参数框中输入"2018"，在【Month】参数框中输入"12"，在【Day】参数框中输入"31"，单击【确定】按钮。

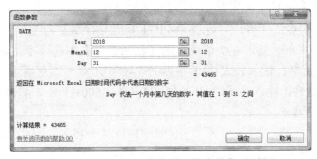

图 2-7-9　DATE 函数的【函数参数】对话框

(9) 单击【编辑栏】，将公式修改为"=INT((DATE(2018，12，31)−G2)/365)"，单击【编辑栏】左侧的【输入】按钮 ✔，设置数字格式为常规以及居中对齐，再双击填充柄进行公式填充。

(10) 选择 K2 单元格，输入公式"=INT((DATE(2018，12，31)−J2)/365)"，单击【编辑栏】左侧的【输入】按钮 ✔，设置数字格式为常规及居中对齐，双击填充柄进行公式填充。

(11) 选择 M2 单元格，输入公式"=IF(K2>=30，50，IF(K2>=10，30，IF(K2>=1，20，0)))"；选择 N2 单元格，输入公式"=L2+M2"；然后选择 M2:N2 单元格，双击填充柄进行公式填充。完成效果如图 2-7-1 所示。

◇　相关知识

> (1) DATE 日期函数。
> 语法：DATE(year，month，day)。
> 参数：year 为年份数值；month 为月份数值；day 为日数值。
> (2) M2 单元格中的公式可改为"=IF(K2<1，0，IF(K2<10，20，IF(K2<30，30，50)))"。

2. 计算"年终奖金"工作表

(1) 打开"年终奖金"工作表，选择 B4 单元格，输入公式"=VLOOKUP(A4，员工基础档案!A1:N102，2，FALSE)"，双击填充柄进行公式填充。

(2) 选择 C4 单元格，输入公式"=VLOOKUP(A4，员工基础档案!A1:N102，3，FALSE)"，双击填充柄进行公式填充。

(3) 选择 D4 单元格，输入公式"=VLOOKUP(A4，员工基础档案!A1:N102，14，FALSE)"，双击填充柄进行公式填充。

(4) 选择 E4 单元格，输入公式"=D4*12*15%"，双击填充柄进行公式填充。

(5) 选择 F4 单元格，输入公式"=E4/12"，双击填充柄进行公式填充。

(6) 选择 G4 单元格，输入公式"=IF(F4<=1500，F4*0.03，IF(F4<= 4500，F4*0.1−105，IF(F4<= 9000，F4*0.2−555，IF(F4<=35000，F4*0.25−1005，IF(F4<=55000，F4*0.3−2755，IF(F4<= 80000，F4*0.35−5505，F4*0.45−13505))))))*12"，双击填充柄进行公式填充。

(7) 选择 H4 单元格，输入公式"= E4−G4"，双击填充柄进行公式填充。完成效果如图 2-7-2 所示。

3. 计算"12 月工资表"工作表

(1) 打开"年终奖金"工作表，选择 A4:E71 单元格区域进行复制，打开"12 月工资表"工作表，右击 A4 单元格，在快捷菜单的【粘贴选项】中选择【粘贴链接】按钮 🔗。

(2) 选择 H4 单元格，输入公式"=D4+E4+F4−G4"，双击填充柄进行公式填充。

(3) 选择 J4 单元格，输入公式"=IF((D4+F4−G4−3500)>=0，D4+F4−G4−3500，0)"，双击填充柄进行公式填充。

(4) 选择 K4 单元格，输入公式"=ROUND(IF(J4<=1500，J4*0.03，IF(J4<=4500，J4*0.1−105，IF(J4<=9000，J4*0.2−555，IF(J4<=35000，J4*0.25−1005，IF(J4<=55000，J4*0.3−2755，IF(J4<=80000，J4*0.35−5505，J4*0.45−13505))))))，2)"，双击填充柄进行

公式填充。

(5) 选择 L4 单元格，输入公式 "=年终奖金!G4"，双击填充柄进行公式填充。

(6) 选择 M4 单元格，输入公式 "=H4–I4–K4–L4"，双击填充柄进行公式填充。完成效果如图 2-7-3 所示。

♦　相关知识

---

1. ROUND 四舍五入函数

语法：ROUND(number, num_digits)。

参数：number 为需要四舍五入的数值；num_digits 为执行四舍五入时采用的位数，如果此参数为负数则圆整到小数点左边，如果此参数为零则圆整到最接近的整数。

2. 粘贴链接

粘贴链接是选择性粘贴的一种应用，等同一个三维公式，如 L4 单元格中的公式 "=年终奖金!G4"，在账套中可确保数据的正确性和唯一性；修改原始数据时其他粘贴链接的位置自动修改数据，不需要人工检查修改。

---

4. 设计 "工资条" 工作表

(1) 从图 2-7-5 的效果图可知，每一个工资条需要占三行，前面两行的内容一致，工资条的第 3 行数据为某个员工的 12 月工资数据。打开 "工资条" 工作表，选择 A1 单元格，输入公式 "=IF(MOD(ROW(), 3)=1, "", IF(MOD(ROW(), 3)=2, INDEX('12 月工资表'!$A$3:$M$3, 1, COLUMN()), INDEX('12 月工资表'!$A$4, $M$71, ROW()/3, COLUMN())))"。

(2) 将 A1 单元格的公式横向填充到 M1 单元格，然后选择 A1:M1 单元格区域，利用填充柄竖向填充公式到 204 行，即可得到如图 2-7-5 所示的工资条效果。

(3) 设置工作表所有单元格均居中对齐，设置第 1 行行高为 30 磅，选择 A2:M3 单元格区域加实线边框；然后选择前 3 行利用格式刷复制格式到 204 行。

(4) 单击【页面布局】→【页面设置】→【纸张方向】下拉列表，选择【横向】；单击【页面布局】→【调整为合适大小】→【宽度】变量框，选择【1 页】即可。

♦　相关知识

---

1. ROW 行号函数

语法：ROW(reference)。

参数：reference 为需获取行号的单元格或单元格区域，如果忽略则返回当前行的行号。

2. COLUMN 列号函数

语法：COLUMN(reference)。

参数：reference 为需获取列号的单元格或单元格区域，如果忽略则返回当前列的列号。

任务总结

　　本任务利用公司员工数据及工资表数据介绍外部数据导入，常用函数的应用和函数嵌套，以及账套工作簿的制作方法。

实践演练

制作高一学生成绩统计分析工作簿

　　期末考试结束了，高一(3)班的班主任助理陈老师需要对本班学生的各科考试成绩进行统计分析，并按原文件名进行保存以备制作成绩通知单使用。具体要求如下：

1. 操作要求

　　(1) 打开工作簿"学生成绩.xlsx"，在最左侧插入一个空白工作表，重命名为"高一学生档案"，并将该工作表标签颜色设为"紫色(标准色)"。

　　(2) 将以制表符分隔的文本文件"学生档案.txt"自 A1 单元格开始导入到工作表"高一学生档案"中，注意不得改变原始数据的排列顺序。将第 1 列数据从左到右依次分成"学号"和"姓名"两列显示。最后创建一个名为"档案"，包含数据区域 A1:G56、包含标题的表，同时删除外部链接。

　　(3) 在工作表"高一学生档案"中，利用公式及函数依次输入每个学生的性别"男"或"女"、出生日期"××××年××月××日"和年龄。其中：身份证号的倒数第 2 位用于判断性别，奇数为男性，偶数为女性；身份证号的第 7～14 为代表出生年月日；年龄需要按周岁计算，满 1 年才计 1 岁。最后适当调整工作表的行高和列宽、套用表格格式、对齐方式等，以方便阅读。

　　(4) 参考工作表"高一学生档案"，在工作表"语文"中输入与学号对应的"姓名"；按照平时、期中、期末成绩各占 30%、30%、40%的比例计算每个学生的"学期成绩"并填入相应单元格中；按成绩由高到低的顺序统计每个学生的"学期成绩"排名并按"第 n 名"的形式填入"班级名次"列中；按照下列条件填写"期末总评"：

语文、数学的学期成绩	其他科目的学期成绩	期末总评
≥105	≥90	优秀
≥85	≥75	良好
≥72	≥60	及格
＜72	＜60	不及格

　　(5) 将工作表"语文"套用表格格式，设置行高均为 22 磅，列宽均为 14 磅，将工作表"语文"的格式全部应用到其他科目工作表中。并按上述(4)中的要求统计其他科目的"姓名""学期成绩""班级名次"和"期末总评"。

　　(6) 分别将各科的"学期成绩"引入到工作表"期末总成绩"的相应列中，计算各科的平均分，每个学生的总分，并按成绩由高到低的顺序统计每个学生的总分排名，最后将所有成绩的数字格式设为数值、保留两位小数。

(7) 在工作表"期末总成绩"列中分别用红色(标准色)和加粗格式标出各科第一名的成绩。同时将前 10 名的总分成绩用浅蓝色填充。

(8) 在工作表"期末总成绩"列中的 L3:L47 单元格中，插入用于统计单科成绩趋势的迷你折线图，各单元格中迷你图的数据范围为所对应的单科成绩数据；并标记成绩最高点为红色，成绩最低点为紫色。

(9) 调整工作表"期末总成绩"的页面布局以便打印：纸张方向为横向，缩减打印输出使得所有列只占一个页面宽(但不得缩小列宽)，水平居中打印在纸上。

(10) 以原名保存文件。

2. 作品效果图

制作高一学生成绩统计分析工作簿作品效果如图 2-7-10～图 2-7-13 所示。

学号	姓名	身份证号码	性别	出生日期	年龄	籍贯
G200317	马小■	1101012003010510■■	男	2003年01月05日	16	湖北
G200401	曾令■	1101022002121915■3	男	2002年12月19日	16	北京
G200201	张国■	1101022002039292■3	男	2002年03月29日	17	北京
G200324	孙令■	1101022002042715■2	男	2002年04月27日	17	北京
G200304	江晓■	1101022002052404■1	男	2002年05月24日	17	山西
G201001	吴小■	1101022002052819■	男	2002年05月28日	17	北京
G200322	媿■	1101032002030409■0	女	2002年03月04日	17	北京
G200325	杜学■	1101032002032706■3	女	2002年03月27日	17	北京
G200301	宋子■	1101032002042909■5	男	2002年04月29日	17	北京
G200339	吕文■	1101032002081715■3	女	2002年08月17日	17	湖南
G200802	符■	1101042001102617■	男	2001年10月26日	18	山西
G200311	张■	1101042002030512■6	男	2002年03月05日	17	北京
G200901	谢如■	1101052001071421■0	女	2001年07月14日	18	北京

▸ ▸∣ 高一学生档案　语文　数学　英语　物理　化学　品德　历史　期末总成绩

图 2-7-10　"高一学生档案"工作表效果图(部分)

学号	姓名	平时成绩	期中成绩	期末成绩	学期成绩	班级名次	期末总评
G200301	宋子■	97.00	96.00	102.00	98.70	第13名	良好
G200302	郑菁■	99.00	94.00	101.00	98.30	第14名	良好
G200303	张雄■	98.00	82.00	91.00	90.40	第28名	良好
G200304	江晓■	87.00	81.00	90.00	86.40	第33名	良好
G200305	齐小■	103.00	98.00	96.00	98.70	第11名	良好
G200306	孙如■	96.00	86.00	91.00	91.00	第26名	良好
G200307	蓝士■	109.00	112.00	104.00	107.90	第1名	优秀
G200308	周梦■	81.00	71.00	88.00	80.80	第42名	及格
G200309	杜春■	103.00	108.00	106.00	105.70	第2名	优秀
G200310	苏国■	95.00	85.00	89.00	89.60	第30名	良好
G200311	张■	90.00	94.00	93.00	92.40	第23名	良好
G200312	吉莉■	83.00	96.00	99.00	93.30	第21名	良好
G200313	莫一■	101.00	100.00	96.00	98.70	第11名	良好
G200314	郭晶■	77.00	87.00	93.00	86.40	第33名	良好

▸∣ 高一学生档案　语文　数学　英语　物理　化学　品德　历史　期末总成绩

图 2-7-11　"语文"工作表效果图(部分)

学号	姓名	平时成绩	期中成绩	期末成绩	学期成绩	班级名次	期末总评
G200301	宋子	82.00	89.00	83.00	84.50	第40名	良好
G200302	郑菁	89.00	95.00	82.00	88.00	第35名	良好
G200303	张雄	92.00	99.00	95.00	95.30	第10名	优秀
G200304	江晓	97.00	92.00	95.00	94.70	第11名	优秀
G200305	齐小	85.00	88.00	90.00	87.90	第36名	良好
G200306	孙如	96.00	92.00	94.00	94.00	第17名	优秀
G200307	甄士	93.00	94.00	87.00	90.90	第28名	优秀
G200308	周梦	96.00	98.00	95.00	96.20	第8名	优秀
G200309	杜春	92.00	95.00	96.00	94.50	第12名	优秀
G200310	苏国	78.00	75.00	80.00	77.90	第44名	良好
G200311	张	91.00	91.00	93.00	91.80	第23名	优秀
G200312	吉莉	96.00	97.00	89.00	93.50	第20名	优秀

图 2-7-12　"英语"工作表效果图(部分)

高一（3）班第二学期期末成绩表

学号	姓名	语文	数学	英语	物理	化学	品德	历史	总分	总分排名	单科成绩趋势
G200301	宋子	98.70	87.90	84.50	93.80	76.20	90.00	76.90	608.00	31	
G200302	郑菁	98.30	112.20	88.00	96.60	78.60	90.00	93.20	656.90	3	
G200303	张雄	90.40	103.60	95.30	93.80	72.30	94.60	74.20	624.20	16	
G200304	江晓	86.40	94.80	94.70	93.50	84.50	93.60	86.60	634.10	10	
G200305	齐小	98.70	108.80	87.90	96.70	75.80	78.00	88.30	634.20	9	
G200306	孙如	91.00	105.00	94.00	75.90	77.90	94.10	88.40	626.30	13	
G200307	甄士	107.90	95.90	90.90	95.60	89.60	90.50	84.40	654.80	4	
G200308	周梦	80.80	92.00	96.20	73.60	68.90	78.70	93.00	583.20	41	
G200309	杜春	105.70	81.20	94.50	96.80	63.70	77.40	67.00	586.30	40	
G200310	苏国	89.60	80.10	77.90	76.90	80.50	75.60	67.10	547.70	43	
G200311	张	92.40	104.30	91.80	94.10	75.30	89.30	94.00	641.20	8	
G200312	吉莉	93.30	83.20	93.50	78.30	67.60	77.20	79.60	572.70	42	

图 2-7-13　"期末成绩"工作表效果图(部分)

实训项目三 PowerPoint 演示文稿

 项目分析

PowerPoint 的应用领域非常广泛，可应用于工作汇报、企业宣传、产品推介、婚礼庆典、项目竞标、管理咨询等领域。PowerPoint 已逐渐成为各行各业实用有效的主流演示文稿处理工具。

本项目通过以下任务的练习，完成对 PowerPoint 2010 的学习：

(1) 魅力重庆电子画册制作。

(2) 审计业务档案管理实务培训课件制作。

(3) 科技馆"带你走进航空母舰"介绍。

 知识目标

(1) 掌握演示文稿的基本操作。

(2) 掌握演示文稿外观设计。

(3) 重点掌握各种对象的插入即格式设置：文本、图片、形状、SmartArt、艺术字、音频、视频等。

(4) 熟练掌握演示文稿的动画及放映设置：对象动画，幻灯片切换，幻灯片的放映方式等。

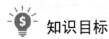 能力目标

通过对 PowerPoint 2010 演示文稿的学习，能够根据设计需要选择相应的模板、主题等进行幻灯片设计；能够插入对象和编辑对象；能设计出适合的动画与幻灯片的切换效果；能够综合运用演示文稿的各个知识点，完成各类演示文稿的制作。

任务一 魅力重庆电子画册制作

任务简介

小王是重庆某旅行社员工，为加大对重庆的旅游宣传，公司要求小王制作"魅力重庆"

电子相册，对重庆网红景点进行宣传，要求图文并茂，动态展示。小王接到任务后，收集了重庆的许多素材资料，准备用 PowerPoint 2010 制作演示文稿，并保存为视频格式。

本任务的设计效果如图 3-1-1 所示。

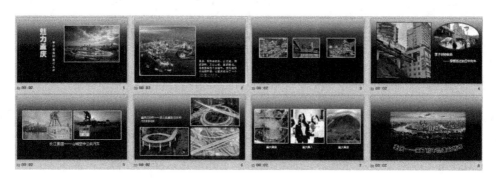

图 3-1-1　"魅力重庆电子画册"设计效果图

任务目标

了解 PowerPoint 2010 相册模板的应用范围、各视图界面组成及占位符，掌握幻灯片制作的基本操作，能够熟练地插入更改图片、文本、形状、艺术字及其格式、动画设计。

知识链接

- ➢ PowerPoint 2010 界面及视图。
- ➢ 演示文稿的基本操作：新建文档、保存文档、关闭文档。
- ➢ 幻灯片的基本操作：新建、删除、移动、复制。
- ➢ 幻灯片中插入对象：相册、文本、图片、艺术字、音频。
- ➢ 幻灯片中对象格式设置：形状样式、填充、轮廓、效果、排列、大小。
- ➢ 幻灯片设计：页面设置、主题、背景。
- ➢ 幻灯片中对象的动画设置：进入、强调、退出动画及其属性设置。
- ➢ 幻灯片切换：切换动画、计时。
- ➢ 幻灯片放映：从头开始、当前开始、放映方式设置。

操作步骤

1. 素材准备，创建演示文稿

(1) 启动 PowerPoint 2010 应用程序，单击【文件】→【新建】→【主页】→【样本模板】，显示如图 3-1-2 所示的模板列表，选择【古典型相册】，单击【创建】按钮。

图 3-1-2　新建演示文稿界面

(2) 如图 3-1-3 所示，新建了一个相册类型的演示文稿文件，该文件已经包含有 7 张幻灯片和多种版式；单击【快速工具栏】的【保存】按钮保存新建的演示文稿 2，文件命名为 "魅力重庆电子相册.pptx"，保存在 E 盘个人文件夹下。

图 3-1-3　以 "古典型相册" 模板创建的新演示文稿

2. 幻灯片版面及总体设计

(1) 单击【设计】→【页面设置】→【页面设置】，显示如图 3-1-4 所示的【页面设置】对话框，在【幻灯片大小】下拉列表中选择【全屏显示(16:9)】，单击【确定】按钮。

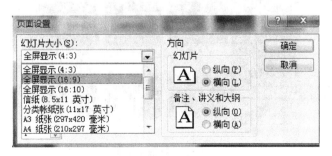

图 3-1-4　【页面设置】对话框

(2) 单击【设计】→【背景】→【背景样式】→【设计背景格式…】，弹出如图 3-1-5 所示的【设置背景格式】对话框。单击【填充】→【渐变填充】，选择【预设颜色】为金乌坠地，【类型】为线性，【方向】为线性向上，其余为默认值，单击【全部应用】按钮将设置的格式应用于所有幻灯片。

图 3-1-5　【设置背景格式】对话框

(3) 删除第 3～7 张幻灯片：在窗口左侧【幻灯片】窗格中选择第 3 张幻灯片，按住 Shift 键再单击第 7 张幻灯片，按键盘上的 Delete 键即可删除。

(4) 添加 6 张幻灯片：如图 3-1-6 所示，在【幻灯片】窗格中选择第 2 张幻灯片，单击【开始】→【幻灯片】→【新建幻灯片】→【相册节】；用同样的方法新建：第 4 张幻灯片版式为【2 混向栏(带标题)】，第 5 张幻灯片版式为【2 横栏(带标题)】，第 6 张幻灯片版式为【3 横栏(带标题)】，第 7 张幻灯片版式为【3 纵栏(带标题)】，第 8 张幻灯片版式为【全景】。

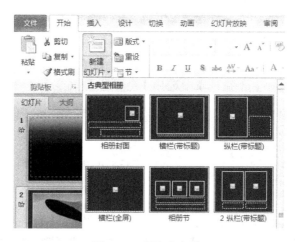

图 3-1-6　添加幻灯片

◆　相关知识

> 删除不适合的版式，添加新版式的幻灯片，可以从模板中的版式中快速找到适合的版式。
>
> 添加幻灯片之前需要选中幻灯片以确定添加位置，也可添加后拖动幻灯片至目标位置。

3. 设计幻灯片内容

(1) 设计第 1 张幻灯片的内容。选中第 1 张幻灯片，在幻灯片编辑区进行如下操作：

① 右键单击该幻灯片中的图片，在弹出的快捷菜单中选择【更改图片】，弹出【插入图片】对话框，选中素材文件夹中的"1 魅力重庆封面.jpg"，单击【插入】。这种方法用于将模板的原有图片更改为自己所需的图片，其格式、动画等仍然保留，无需重新设置。

② 选中已更改的图片，单击【图片工具】→【格式】→【大小】，将图片的高度设置为"7 厘米"，宽度使用默认宽度，拖动图片至合适位置。

③ 选中幻灯片的标题占位符，将"古典型相册"更改为"魅力重庆"，设置标题的字体格式为华文琥珀、48 磅；单击【段落】→【文字方向】→【竖排】。选中标题占位符，单击【绘图工具】→【格式】→【大小】，将宽度设置为 3 厘米，高度设置为 10 厘米。选中副标题占位符，输入"带你走进 3D 魔幻之都"，设置字体为微软雅黑、18 磅、加粗；单击【开始】→【段落】→【居中】。调整占位符大小并移动至适合的位置。设置后的效果如图 3-1-7 所示。

图 3-1-7　第 1 张幻灯片效果图

(2) 设计第 2 张幻灯片内容。选中第 2 张幻灯片，在幻灯片编辑区进行如下操作：

用设计第 1 张幻灯片中相同的方法将幻灯片中图片更改为"2 全景.jpg"。在文本占位符中输入"重庆，简称渝或巴。以江城、桥都著称，又以山城、雾都扬名。是我国第四个直辖市。因为特殊的地理环境，让重庆成为了一个 3D 魔幻城市。"；选择"3D 魔幻城市"设置字体为 24 磅加粗红色。设置效果如图 3-1-8 所示。

图 3-1-8　第 2 张幻灯片效果图

(3) 设计第 3 张幻灯片。选中第 3 张幻灯片，在幻灯片编辑区进行如下操作：

① 将幻灯片的三张图片更改为"3 洪崖洞 1.jpg""3 洪崖洞 2.jpg""3 洪崖洞 3.jpg"。选定三张图片，单击右键选择【大小和位置】命令，弹出如图 3-1-9 所示的【设置图片格式】对话框，取消【锁定纵横比】复选框，在【高度】和【宽度】中分别输入"5 厘米"和"7 厘米"，单击【关闭】按钮；然后单击【图片工具】→【格式】→【排列】→【对齐】→【横向分布】，设置列表如图 3-1-10 所示。

图 3-1-9　设置图片大小　　　　　　　　　　　图 3-1-10　设置对齐方式

② 在节标题文本占位符中输入"洪涯洞——立体式空中步行街"，将字体设置为微软雅黑、32 磅，删除副标题占位符。完成效果如图 3-1-11 所示。

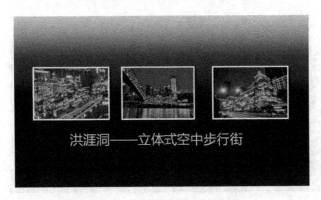

图 3-1-11　第 3 张幻灯片效果图

(4) 设计第 4 张幻灯片。选中第 4 张幻灯片，在幻灯片编辑区进行如下操作：

将两个图片更改为 "4 轻轨 1.jpg" "4 轻轨 2.jpg"。选中左侧图片，单击【图片工具】→【格式】→【图片样式】→【快速样式】下拉按钮，展开如图 3-1-12 所示的图片样式列表，选择【简单框架，黑色】；右侧图片设置样式为【棱台形椭圆，黑色】。在标题占位符中输入 "李子坝轻轨站——穿楼而过的空中列车"，设置字体为微软雅黑、40 磅、加粗。完成效果如图 3-1-13 所示。

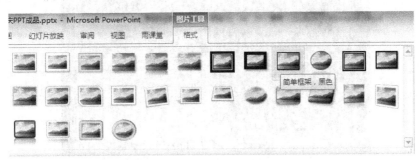

图 3-1-12　设置图片样式

图 3-1-13　第 4 张幻灯片效果图

(5) 设计第 5 张幻灯片。选中第 5 张幻灯片，在幻灯片编辑区进行如下操作：

将两个图片分别更改为 "5 索道 1.jpg" "5 索道 2.jpg"。在标题占位符中输入 "长江索道——山城空中公共汽车"，设置字体格式为微软雅黑、24 磅、加粗。设置效果如图 3-1-14 所示。

图 3-1-14　第 5 张幻灯片效果图

(6) 设计第 6 张幻灯片。选中第 6 张幻灯片，在幻灯片编辑区进行如下操作：

将三个图片分别更改为 "6 立交桥 1.jpg" "6 立交桥 2.jpg" "6 立交桥 3.jpg"。在标题占位符中输入 "重庆立交桥——史上最复杂立交桥导航都要迷路"，设置字体格式为微软雅黑、18 磅、加粗，选中 "导航都要迷路" 更改字号为 32 磅。设置效果如图 3-1-15 所示。

图 3-1-15　第 6 张幻灯片效果图

(7) 设计第 7 张幻灯片。选中第 7 张幻灯片，在幻灯片编辑区进行如下操作：

将三个图片分别更改为 "7 重庆火锅.gif" "7 重庆美景.gif" "7 美女.gif"。在标题占位符中分别输入 "重庆美食" "重庆美人" "重庆美景"，设置字体为微软雅黑、20 磅、加粗。设置效果如图 3-1-16 所示。

图 3-1-16　第 7 张幻灯片效果图

(8) 设计第 8 张幻灯片。选中第 8 张幻灯片，在幻灯片编辑区进行如下操作：

将图片更改为"8 封底重庆.jpg"。在标题占位符中输入"重庆——来了就不想走的城市"。选中文字，设置字体为华文彩云、44 磅；如图 3-1-17 所示，在【绘图工具】——【格式】上下文工具中，单击【艺术字样式】→【文字效果】→【转换】→【下弯弧】。调整艺术字位置及大小，设置效果如图 3-1-18 所示。

图 3-1-17　艺术字文字效果

图 3-1-18　第 8 张幻灯片效果图

◇　相关知识

在设计幻灯片时，文本不宜过多，如果文字较多，可将关键字设置为不同字体和颜色，以重点提示。

在幻灯片中除可插入普通图片，还可插入动画或视频等，包括 gif、avi、mpg、wmv 等格式的文件，在幻灯片播放时可查看播放效果。

4. 动画设置

单击【动画】→【高级动画】→【动画窗格】，打开【动画窗格】，以便直观地进行动画设计。

(1) 设计第 1 张幻灯片中对象的动画效果，步骤如下：

① 选中"带你走进 3D 魔幻之都"，选择【动画】→【动画】→【动画样式】下拉按

钮，如图 3-1-19 示，在动画样式列表中选择【进入】→【浮入】，单击【效果选项】→【下浮】。选择【计时】→【开始】→【上一动画同时】，设置持续时间为"01.00"，延迟时间为"00.50"，如图 3-1-20 所示。

图 3-1-19　设置进入动画

图 3-1-20　设置动画计时

②　选中"魅力重庆"，设置进入动画为"擦除"，效果选项为"自顶部"，开始方式为"上一动画同时"，持续时间为"01.00"，延迟时间为"01.00"。

③　选中图片，设置进入动画为"翻转式由远及近"，开始方式为"上一动画同时"，持续时间为"01.00"，延迟时间为"01.50"。

如图 3-1-21 所示，查看动画窗格中各动画，单击【播放】按钮查看动画效果。

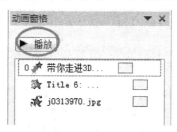

图 3-1-21　【动画窗格】

(2) 设计第 2 张幻灯片中对象的动画效果，步骤如下：

用上述同样的方法，设置第 2 张幻灯片的图片进入效果为"轮子"，效果选项为"4 轮辐图案"，开始方式为"上一动画之后"，持续时间为"01.50"。设置文本进入效果为"缩放"，效果选项设置消失点为"幻灯片中心"，开始方式为"上一动画同时"，持续时间为"00.50"。

(3) 设计第 3 张幻灯片中对象的动画效果，步骤如下：

①　选中第 2 张幻灯片中的图片，单击【动画】→【高级动画】→【动画刷】，鼠标光标变为刷子状，再单击第 3 张幻灯片的第 1 张图片和第 3 张图片，快速实现动画效果设置。

②　选中第 2 张图片，设置进入效果为"形状"，效果选项为"缩小"。在动画窗格中根据需要调整出场顺序。

③　选中第 2 张幻灯片的文本，单击【动画样式】→【其它动作路径...】，打开【更改动作路径】对话框，选择【S 形曲线 1】，单击【确定】按钮，如 3-1-22 所示。将文本向左

拖动至幻灯片编辑区外，拖动动画路径的结束点(红色)到文本原位置处，设置开始方式为"上一动画同时"，持续时间为"00.50"。

(4) 设计第 4 张幻灯片中对象的动画效果，步骤如下：

① 用上述方法，设置左侧图片进入动画为"自左侧飞入动画"，开始方式为"与上一动画同时"，持续时间为"00.50"。

② 设置右上方图片进入动画为"以缩小加号的形状动画"，开始方式为"与上一动画同时"，持续时间为"02.00"，延迟时间为"01.00"。

③ 设置文本进入动画为"按段落上浮的浮入动画"，开始方式为"与上一动画同时"，持续时间为"01.00"，延迟时间为"00.50"。

(5) 设计第 5 张幻灯片中对象的动画效果，步骤如下：

① 按住 Ctrl 键，选中第 5 张幻灯片中的两张图片，设置进入动画为"随机线条"，开始方式为"与上一动画同时"，持续时间为"00.50"。

② 选中文本，设置强调动画：单击【动画】→【高级动画】→【添加动画】→【强调】→【跷跷板】，如图 3-1-23 所示；设置开始方式为"与上一动画同时"，持续时间为"01.00"。

图 3-1-22　【更改动作路径】对话框　　　　图 3-1-23　【强调】动画列表

(6) 设计第 6 张幻灯片中对象的动画效果，步骤如下：

① 设置文本进入动画为"缩放"，效果选项设置消失点为"幻灯片中心"，开始方式为"与上一动画同时"，持续时间为"00.50"，延迟时间为"00.50"。

② 设置右下侧图片进入动画为"劈裂"，效果选项为"左右向中央收缩"，开始方式为"与上一动画同时"，持续时间为"00.50"，延迟时间为"00.50"。

③ 设置右上侧图片进入动画为"翻转式由远及近"，开始方式为"与上一动画同时"，持续时间为"01.00"，延迟时间为"01.25"。

④ 设置左下侧图片进入动画为"浮入"，开始方式为"与上一动画同时"，持续时间为"01.00"，延迟时间为"01.25"。

(7) 设计第 7 张幻灯片中对象的动画效果，步骤如下：

① 选中左侧图片，选择【动画】→【高级动画】→【添加动画】→【更多进入效果】→【飞旋】，开始方式为"与上一动画同时"，持续时间为"01.25"，延迟时间为"00.50"。

② 设置右侧图片进入动画为"回旋"，开始方式为"与上一动画同时"，持续时间为"01.25"，延迟时间为"01.00"。

③ 设置中间图片进入动画为"翻转式由远及近"，开始方式为"与上一动画同时"，持续时间为"01.00"，延迟时间为"02.25"。

④ 设置文本进入动画为"浮入"，开始方式为"与上一动画同时"，持续时间均为"01.00"，延迟时间分别为"00.00""01.00""02.25"，并在动画窗格中拖动文本的动画出场顺序，设置效果如图 3-1-24 所示。

图 3-1-24　第 7 张幻灯片【动画窗格】的动画列表

(8) 设计第 8 张幻灯片中对象的动画效果，步骤如下：

① 选中文本，设置进入动画为"缩放"，效果选项设置消失点为"幻灯片中心"，开始方式为"与上一动画同时"，持续时间为"01.50"，延迟时间为"00.50"。

② 为文本添加强调效果为"波浪型"，开始方式为"与上一动画同时"，持续时间为"00.50"，延迟时间为"02.00"。

③ 设置图片进入动画为缩小的"形状"，开始方式为"与上一动画同时"，持续时间为"02.50"，延迟时间为"01.20"。

5. 切换方式设置

(1) 设计第 1 张幻灯片的切换效果：单击【切换】→【切换到此幻灯片】→【切换方案】，如图 3-1-25 所示，在下拉列表中选择【华丽型】的【棋盘】效果；设置【切换】→【计时】→【持续时间】为"02.00"。

图 3-1-25　【切换方案】下拉列表

(2) 用上述方法，设计第 2 张至第 8 张幻灯片的切换效果，依次选择"涟漪""碎片""涡流""闪耀""翻转""库""门"等适合的切换效果。其他选项可根据自己的意图自行定义。

6. 放映幻灯片及保存发布

(1) 单击【幻灯片放映】→【设置】→【排练计时】，让系统自动计时，保留计时时间确定每张幻灯片的时间；单击【幻灯片放映】→【开始放映幻灯片】→【从头开始】，观看放映效果。

(2) 将制作好的演示文稿另保存为视频文件：单击【文件】→【另存为】，在弹出的【另存为】对话框的【文件类型】中选择【Windows Media 视频(*.wmv)】，将文件另存为 wmv 格式的文件。按相同的方法将文稿保存为 ppsx 的放映文件。

✧　相关知识

> (1) 常用的放映组合键有：
> F5：从第一张幻灯片开始放映；
> Shift+F5：从当前幻灯片开始放映；
> Esc：退出放映。
> (2) 要修改 ppsx 放映文件，可打开任意演示文稿。选择【文件】→【打开】，在弹出的对话框中找到放映文件，即可在 PowerPoint 中打开及修改。

任务总结

本任务以设计制作"魅力重庆电子相册"为例，利用 PowerPoint 2010 样本模板创建演示文稿，进行图片的插入及文本输入等练习，进一步熟练幻灯片的基本操作，对图片文本的版面设计有了基本的认识，通过多种动画的运用，了解不同动画的效果及设置方法。通过本任务的学习，能够独立完成画册类演示文稿的设计及制作。

实践演练

介绍性演示文稿制作

操作要求：制作"我的……"画册演示文稿，如以"我的家乡""我的班级""我的学校""我的一家人"等为题制作演示文稿。

(1) 准备素材：收集相关的图片素材，可以是人物、动物、风景、地区等。

(2) 创建文稿：应用主题或模板创建演示文稿。

(3) 设计内容：根据主题进行颜色风格的设计及制作，插入对象(如图片、文本框、艺术字等)进行幻灯片内容及其格式的设置。

(4) 应用要求：应用幻灯片的版式、动画、切换效果、排练计时等方法进行设计，能够实现幻灯片内容的自动放映。

(5) 其他要求：保存源文稿，并发布为视频文件格式。

任务二　审计业务档案管理实务培训课件制作

曹丽娟是注册会计师协会培训部的老师，正在准备有关审计业务档案管理的培训课件，她的助手已搜集并整理了一份相关资料存放在 Word 文档"审计业务档案管理培训.docx"中，现需要将素材整合制作成 PPT 课件。

设计完成效果如图 3-2-1 所示。

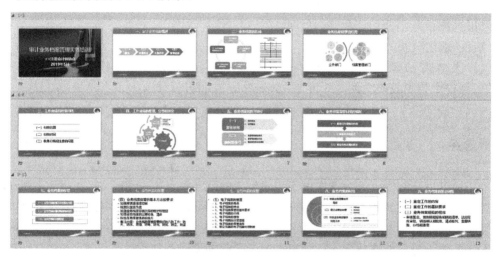

图 3-2-1　"审计业务档案管理培训"演示文稿效果图

了解幻灯片母版的适用范围，掌握通过 Word 大纲快速制作 PPT，能够应用幻灯片母版进行整体外观风格的设计，掌握 SmartArt 图形的创建及格式动画设计的制作方法，掌握幻灯片分节方法。

➢ 　插入对象：SmartArt 图形。
➢ 　对象格式设置：形状样式、填充、轮廓、效果、排列、大小。

> ➢ 幻灯片母版设置。
> ➢ 超链接的创建与使用。
> ➢ 对象的动画：进入、强调、退出动画及其属性设置。
> ➢ 幻灯片切换：切换动画、计时。
> ➢ 幻灯片分节。

操作步骤

1. 素材准备，创建演示文稿

(1) 打开"审计业务档案管理培训.docx"文档，检查文档的大纲设置情况。应包含一级标题、二级标题、三级标题等大纲级别。大纲设置方式参见 Word 大文档排版模块。设置后保存文件。

(2) 在目标文件夹单击右键，在快捷菜单中选择【新建】→【Microsoft PowerPoint 演示文稿】新建演示文稿，输入文件名称为"项目 14 审计业务档案管理培训.pptx"。

(3) 双击打开该演示文稿文件，单击【开始】→【幻灯片】→【新建幻灯片】→【幻灯片(从大纲)】，如图 3-2-2 所示。在弹出的【插入大纲】对话框中选择"审计业务档案管理培训.docx"文件，单击【打开】快速创建了 11 张幻灯片。

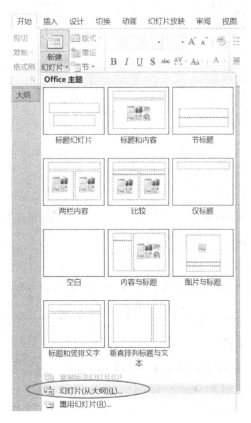

图 3-2-2　从大纲创建幻灯片

✧　相关知识

　　从大纲创建 PPT 适用于已设置大纲级别的 Word 文件，根据文件内容的大纲级别创建演示文稿；在创建时，Word 中设置为一级标题的文本作为每张幻灯片的标题，Word 中的二级标题、三级标题、正文等内容将自动插入到该一级标题所属的那页幻灯片中。

　　从大纲创建 PPT 也可从 Word 直接发送到 PPT，方法是：如图 3-2-3 所示，打开要发送到 PPT 的 Word 文件，单击【文件】→【选项】→【自定义功能区】，在【从下列位置选择命令】中选择"不在功能区中的命令"，找到并选中【发送到 Microsoft PowerPoint】命令，单击【新建组】按钮，然后单击【添加】按钮将【发送到 Microsoft PowerPoint】命令添加到右侧【开始】选项卡的【新建组】中，单击【确定】按钮后即可在【开始】选项卡中看到【发送到 Microsoft PowerPoint】图标，单击该图标便将 Word 中的内容创建演示文稿。

图 3-2-3　【Word 选项】对话框

2. 幻灯片版面及总体设计

(1) 设置幻灯片的页面为【全屏显示 16:9】。

(2) 设计幻灯片母版，步骤如下：

① 如图 3-2-4 所示，单击【视图】→【母版视图】→【幻灯片母版】，进入幻灯片母版视图，如图 3-2-5 所示，选择左侧窗格中的第一张主母版视图。

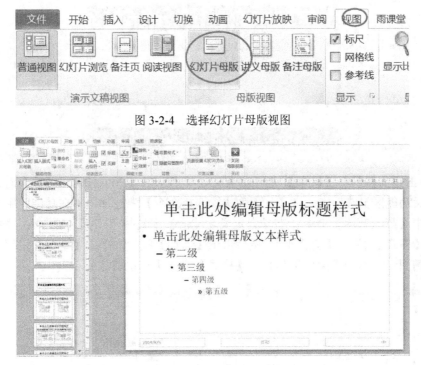

图 3-2-4　选择幻灯片母版视图

图 3-2-5　选择主母版视图

　　② 单击【插入】→【图片】，在个人文件夹中选择"图片 1.png"，放在幻灯片的下端。选中该图片，单击【图片工具】→【格式】→【排列】组→【下移一层】→【置于底层】，如图 3-2-6 所示将该图片置于底层。单击【颜色】→【重新着色】→【蓝色】。

图 3-2-6　将图片置于底层

　　③ 单击【插入】→【形状】→【矩形】，单击鼠标左键，在幻灯片上端插入一个高为1.61 厘米、宽为 25.4 厘米的矩形；如图 3-2-7 所示，单击【形状样式】→【形状轮廓】→【无轮廓】。使用同样的方法插入高度为 1.61 厘米的椭圆形，如图 3-2-8 所示放置在矩形右侧内部。

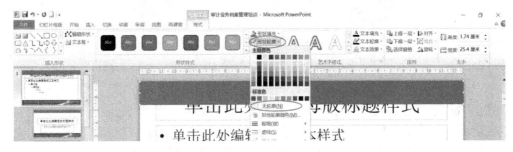

图 3-2-7　更改形状轮廓

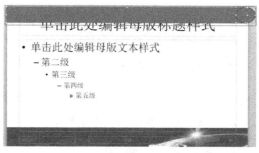

图 3-2-8   矩形和椭圆形位置

④ 单击【文件】→【选项】，打开如图 3-2-9 所示的【PowerPoint 选项】对话框，选择【自定义功能区】选项卡，在【从下列位置选择命令】中选择"不在功能区中的命令"，找到并选中【形状剪除】命令；在【自定义功能区】中选择"工具选项卡"，选择【绘图工具】→【格式】，单击【新建组】；然后单击【添加】按钮，单击【确定】按钮。依次选择矩形和椭圆形，单击【图形工具】→【格式】中的【形状剪除】。

图 3-2-9   【PowerPoint 选项】对话框

⑤ 单击【插入】→【图片】，在主母版幻灯片中插入"图片 2.png"，放在幻灯片的上端右侧。单击【开始】→【编辑】→【替换】→【替换字体】，打开【替换字体】对话框，将幻灯片中的【宋体】字全体替换为【微软雅黑】，如图 3-2-10 所示。选中标题占

位符设置标题的字号为 32 磅,字体颜色为白色,右键设置【置于顶层】,移动至如图 3-2-11 所示的位置。

图 3-2-10 【替换字体】对话框   图 3-2-11 形状剪除前后对比效果

⑥ 单击【插入】→【文本】→【页眉和页脚】,弹出如图 3-2-12 所示的【页眉和页脚】对话框,选中【日期和时间】选项,在【自动更新】列表中选择日期格式"****年**月**日",选中【幻灯片编号】选项,选中【标题幻灯片中不显示】选项,单击【全部应用】按钮。在幻灯片中选中"幻灯片编号"和"日期"占位符,设置字体颜色为白色。设置完成后的母版幻灯片如图 3-2-13 所示,单击【幻灯片母版 】→【关闭母版】,退出母版视图。

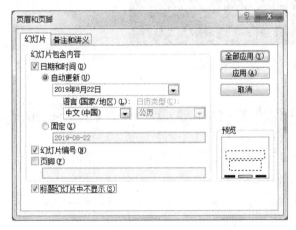

图 3-2-12 插入日期和幻灯片编号   图 3-2-13 设置完成的母版幻灯片

❖ 相关知识

Word、Excel、PowerPoint 等办公软件中,除默认的功能外,还可自定义添加功能,可根据编辑需要,添加到相应的组。在 PowerPoint 2010 及以后的版本中,默认有形状合并功能,对两个图形进行组合、拆分、合并、相交、减除等操作,可很便捷的创作出各种图形。PowerPoint 2010 默认无此功能,可通过添加自定义功能添加形状剪除、形状交点、形状联合、形状组合等。

3. 设计幻灯片内容

(1) 设计第 1 张幻灯片,步骤如下:

① 选中第 1 张幻灯片,单击【开始】→【幻灯片】→【版式】→【标题幻灯片】。右键单击选择【设置背景格式】,在弹出的对话框中选择"图片 3.jpg",右键单击选择【置于底层】。更改图片颜色为蓝色。

② 单击【插入】→【插图】→【形状】→【矩形】，在幻灯片上插入同幻灯片一样大小的矩形；选中矩形，单击【图形工具】→【格式】→【图形样式】→【图形轮廓】→【无轮廓】；单击图形样式启动器，打开【设置形状格式】对话框，单击【填充颜色】→【黑色】，透明度设置为 55%，单击【关闭】按钮；右键单击形状，选择【置于底层】→【下移一层】，多次单击使该图形置于文字以下、背景图片以上。

③ 选中标题"审计业务档案管理实务培训"，单击【开始】→【字体】→【40 磅】→【白色】，其余文字设置为默认设置。

设计完成的第 1 张幻灯片效果如图 3-2-14 所示。

图 3-2-14　第 1 张幻灯片参考效果图

(2) 第 2 张幻灯片设计，步骤如下：

① 选中第 2 张幻灯片，单击【插入】→【插图】→【SmartArt】图形，在【选择 SmartArt 图形】对话框中选择【流程】→【基本 V 型流程】，单击【关闭】按钮。

② 选择该 SmartArt 图形左侧的【展开/隐藏】按钮，将幻灯片片正文内容剪切至 SmartArt 图形的文本空格中，删除多余的空白级别。

③ 单击【SmartArt 工具】→【格式】→【大小组】，将高度设置为 10 厘米，宽度设置为 20 厘米。

④ 单击【设计】→【SmartArt 样式】→【更改颜色】→【彩色】→【彩色范畴：强调文字颜色 3 至 4】。手动调整 SmartArt 的文字，删除文本占位符。

设计完成的第 2 张幻灯片如图 3-2-15 所示。

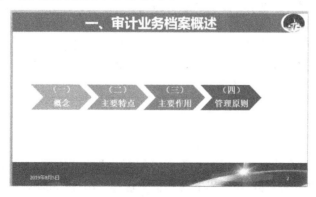

图 3-2-15　第 2 张幻灯片参考效果图

(3) 设计第 3 张幻灯片，步骤如下：

① 按照上述方法，将第 3 张幻灯片的内容转换为【连续循环】SmartArt 图形，对颜色、大小等进行设计，放置在幻灯片左侧。

② 在幻灯片右侧单击【插入】→【文本】→【对象】，在【插入对象】对话框中选择【由文件创建】→【浏览】，选择要插入的文件"业务报告签发稿纸.xlsx"，单击【确定】按钮。

设计完成的第 3 张幻灯片效果如图 3-2-16 所示。

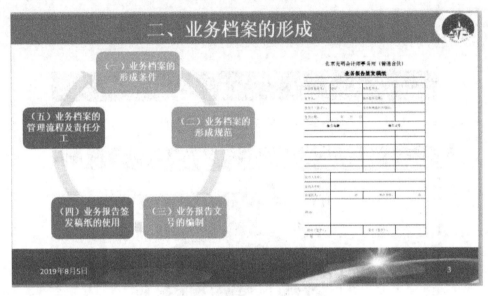

图 3-2-16 第 3 张幻灯片参考效果

(4) 设计第 4～8 张幻灯片，步骤如下：

利用上述方法，将每页内容分别转换为 SmartArt 图形，并对图形的颜色、字体格式等进行设置。第 4 页插入【分阶段流程】，如图 3-2-17 所示；第 5 页插入【线性列表】，如图 3-2-18 所示；第 6 页插入【齿轮】，如图 3-2-19 所示；第 7 页插入【垂直箭头列表】，如图 3-2-20 所示；第 8 页插入【分段流程】，如图 3-2-21 所示。

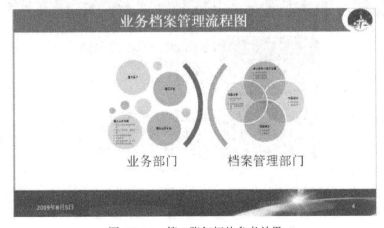

图 3-2-17 第 4 张幻灯片参考效果

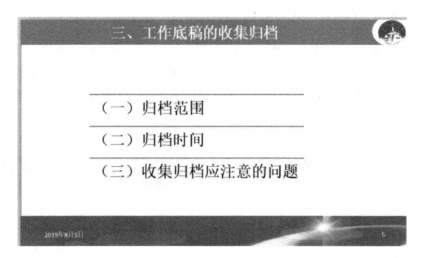

图 3-2-18　第 5 张幻灯片参考效果

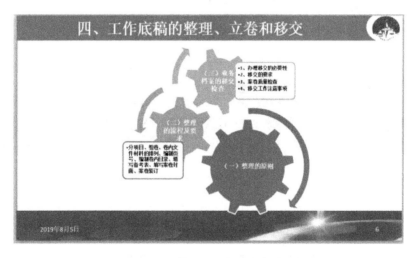

图 3-2-19　第 6 张幻灯片参考效果

图 3-2-20　第 7 张幻灯片参考效果

图 3-2-21　第 8 张幻灯片参考效果

(5) 设计第 9~13 张幻灯片，步骤如下：

将第 9 张幻灯片拆分为 3 张幻灯片。单击【幻灯片/大纲】预览窗格中的【大纲】窗格，在第(三)和第(四)之间按回车键换行，输入"七、业务档案的保管"，选中输入的文字，如图 3-2-22 所示，单击右键选择【升级】，使之成为一级大钢，用同样的办法在(五)前面再添加一个一级标题。设置前后的大纲预览如图 3-2-23 所示。

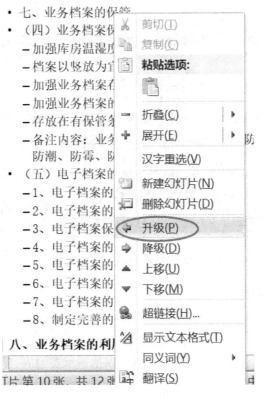

图 3-2-22　在大纲窗格中快速拆分幻灯片

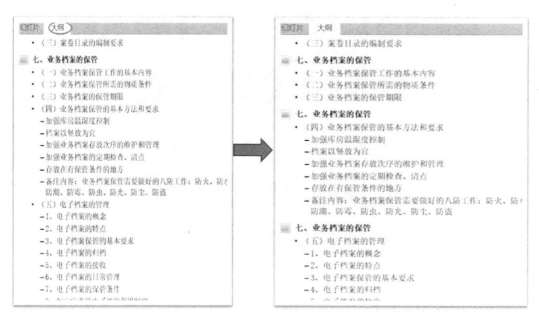

图 3-2-23　设置前后的大纲预览情况

使用上述插入 SmartArt 图形的方法，将第 9 张幻灯片内容转为【垂直框列表】图形，第 12 张幻灯片内容转为【目标图列表】。设计完成的第 9～13 张幻灯片效果如图 3-2-24 所示。

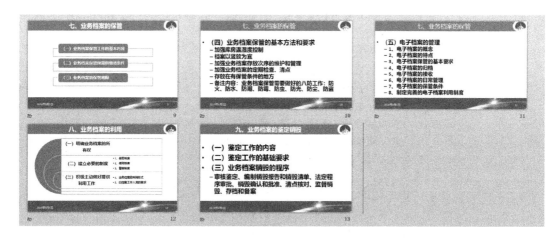

图 3-2-24　第 9～13 张幻灯片参考效果

❖　相关知识

使用本方法制作出"蒙版"的效果，可以让 PPT 更具有设计感。在图片和文字对比不够明显、画面杂乱时，加上一层蒙版就可以把不重要的内容淡化，从而突出要表达的文字或者图片内容。

4．动画设置

(1) 通过母版设计每页幻灯片的标题动画。

单击【视图】→【母版视图】→【幻灯片母版】，进入幻灯片母版视图，选中主母版中的标题占位符，按照实训项目三任务一所述的设置方法，设计其进入效果为"自左侧擦除"，开始方式为"上一动画之后开始"，设置完成后关闭母版。

(2) 设置第 1 张幻灯片的副标题占位符的进入动画为"作为一个对象缩放"，开始方式为"上一动画之后开始"。

(3) 设置第 2 张幻灯片的 SmartArt 图形进入效果为"自左侧逐个擦除"。

(4) 设置第 3 张幻灯片的 SmartArt 图形进入效果为"轮子"，效果选项为"逐个"；设置表格进入效果为"缩放"，开始方式为"上一动画之后开始"；单击【高级动画】组的动画窗格，展开 SmartArt 图形的动画，将图表动画拖动至如图 3-2-25 所示的位置。

(5) 设置第 4 张幻灯片的 SmartArt 图形进入效果为"中央向左右展示劈裂"，序列为"同一级别"。

(6) 设置第 5 张幻灯片的 SmartArt 图形进入效果为"至左上部逐个飞入"。

(7) 设置第 6 张幻灯片的 SmartArt 图形进入效果为"轮子"，效果选项为"逐个"；展开动画，如图 3-2-26 所示，按住 Ctrl 键选择第 2 张和第 5 张幻灯片，均设置进入效果为"自顶部擦除"，第 8 张幻灯片设置为"自底部"。

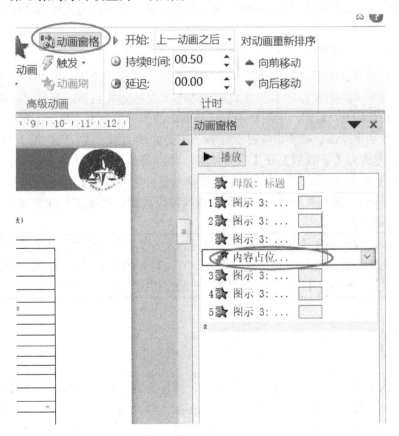

图 3-2-25　调整动画顺序

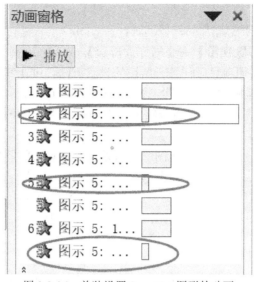

图 3-2-26　单独设置 SmartArt 图形的动画

(8) 选中第 2 张已经设置好动画的 SmartArt 图形，单击【高级动画】组→【动画刷】，此时鼠标呈动画刷状态，再单击第 7 张幻灯片的 SmartArt 图形，此时该对象的动画与第 2 张幻灯片中的对象动画相同，实现动画效果的复制，以同样方法完成对其他幻灯片中对象的动画设置。

5. 幻灯片分节及放映

(1) 幻灯片分节。将光标定位至第 4 张和第 5 张幻灯片之间，右键单击，选择【新增节】，用同样的方法，在 8 张和第 9 张之间新增节。光标定位到第一节前，右键单击"默认节"，选择重命名为"1-3"，用同样的方法将后面的两节分别命名为"4-8"和"9-13"。

(2) 幻灯片切换动画。按实训项目三任务一中幻灯片切换方式，选中第 1 节 1-3，设置幻灯片的切换方式为【华丽型】→【立方体】→【自顶部】→【单击鼠标时】，其余选项为默认值。使用同样的方法设置其他两节的切换效果分别为【框】和【翻转】。

(3) 放映。按 F5 键从头开始放映，查看放映效果，根据情况进行细微调整。

◇　相关知识

> 如果 PowerPoint 演示文稿有大量的幻灯片，太多了不便于管理，就需要利用分节的方法来进行化整为零。将其中的一部分划为一节，另外的部分再分节，使 PPT 的结构更加清晰。经过分节的幻灯片可以快速设计不同的切换方式、主题等。

任务总结

以设计制作"审计业务档案管理实务培训"课件为例，利用 PowerPoint 2010 从大纲创建演示文稿，进行 SmartArt 图形的插入及文本输入以及动画的设计训练，了解 SmartArt 图形动画的效果及设置方法以及长篇演示文稿的分节方法。通过本项目的学习，能够独立完成报告类演示文稿的设计及制作。

实践演练

"图书策划方案汇报"演示文稿制作

操作要求：根据 Word 素材，制作"图书策划方案"汇报演示文稿。

(1) 设计演示文稿的风格：要求自定义幻灯片母版，自行准备图片等素材。

(2) 设计幻灯片内容：根据内容正确运用 SmartArt 图形，并注意设计样式。

(3) 幻灯片动画：合理运用动画、切换效果。

(4) 幻灯片分节：对幻灯片进行分节。

(5) 保存要求：保存源文稿及放映文稿。

任务三　科技馆"带你走进航空母舰"介绍

项目简介

　　小张是科技馆讲解员，接受了"带你走进航空母舰"介绍的演示文稿制作任务，需要对演示幻灯片内容进行精心设计和裁剪。需要的文字图片资料保存在"航空母舰素材.docx"中，小张根据需要将这些内容制作成图文并茂的幻灯片。

　　本任务完成效果如图 3-3-1 所示。

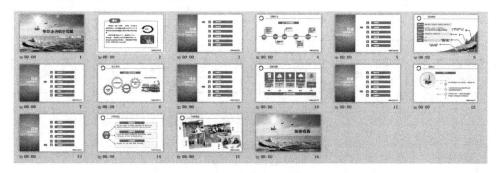

图 3-3-1　"带你走进航空母舰"效果图

任务目标

　　能够利用网络资源借鉴学习优秀演示文稿案例，能够根据内容自主设计演示文稿，掌握常用的模板下载网站和母版更改方法，能够灵活运用图片裁剪，掌握常见的汇报类演示文稿的制作。

知识链接

- ➢ 模板选择原则。
- ➢ 幻灯片母版设计。
- ➢ 图片裁剪。
- ➢ 幻灯片中对象的动画修改。
- ➢ 幻灯片自定义放映。

操作步骤

1. 任务分析

打开文件夹中的"航空母舰素材.docx"，根据材料内容设计幻灯片的框架如图 3-3-2 所示。

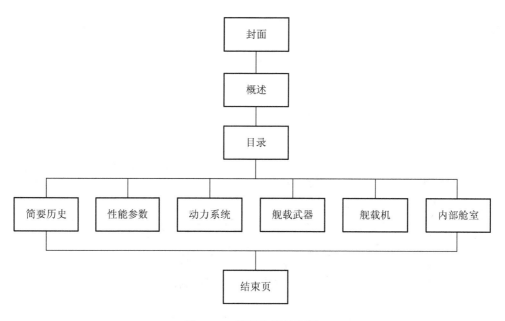

图 3-3-2　演示文稿结构图

2. 素材准备，创建演示文稿

(1) 小张为把演示文稿制作的更精美，在网络上搜索寻找合适的模板或学习优秀的案例。根据本项目的结构和设计思想，计划使用两个模板完成设计。

(2) 打开"精美翻书效果工作总结 PPT 模板.pptx"，单击【文件】→【另存为】，在弹出的【另存为】对话框中找到存放路径，以"带你走进航空母舰.pptx"为文件名保存演示文稿。

◇　相关知识

> 要学好 PowerPoint 商务简报的制作技术，收集素材是一项基本工作，通过分析优秀 PPT 作品以及相关评价，不断提高作品设计与制作水平。国内知名的 PPT 演示企业网站及资源下载网站有：演界网、上海锐普、北京锐得、站长网 PPT 资源、站长网高清图片、海图网、千图网等。通过访问以上网站，输入关键字，精确查找。
>
> 根据设计需要，可以从多个案例中找到适合当前项目的模板和版式。

3. 根据素材设计幻灯片

(1) 母版设计的步骤如下：

① 单击【视图】→【幻灯片母版】，进入幻灯片母版设计视图，选中第 1 组子类中第 2 张【标题与内容】版式，删除 LOGO 图片，在此位置单击【插入】→【图像】→【图片】，在【插入图片】对话框中选择【舰微】，选中插入的图片，如图 3-3-3 所示，点击【图片工具】→【格式】→【调整】→【删除背景】，调整图片背景删除区域。点击【大小】组的【裁剪】，拖动图片四边的黑色裁剪柄剪去图片的空白区域。设置图片高宽均为 2.8 厘米。移动图片至原 LOGO 位置。

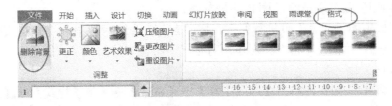

图 3-3-3　删除图片背景

② 单击【插入】→【文本】→【文本框】，在该母版右下角插入文本框，输入"中国海军博物馆"，设置字体为微软雅黑、19 号、加粗、深蓝色。选中文本框，按 Ctrl+C 键进行复制，粘贴至除标题幻灯片以外的其他版式中。关闭幻灯片母版。

(2) 设计封面幻灯片(第 1 张幻灯片)的步骤如下：

① 选中第 1 张幻灯片，单击 LOGO 和翻书图片按 Delete 键将其删除，右键单击幻灯片空白区域，选择【设置背景格式】，在弹出的【设置背景格式】对话框中单击【图片或纹理填充】→【文件】，选择素材文件夹中的"封面大海.jpg"图片。

② 同时插入图片"封面.jpg"，选中该图片，利用删除背景和图片裁剪功能仅保留舰体，左右翻转方向并置于幻灯片左下角。插入图片"歼-15 舰飞成功.jpg"，利用删除背景和图片裁剪功能仅保留歼-15 战机，移动至幻灯片的左上部分；更改战机图片大小为高 3 厘米、宽 5.84 厘米，单击右键选择【另存为图片】，以"歼 15"为名保存至素材文件夹中。选中战机图片再复制两个，调整复制的战机图片高度为 1.84 厘米、宽为 3.58 厘米，放置于幻灯片上部。

③ 按图 3-3-1 所示，在相应位置插入文本框，输入文字并设置文字格式等与效果图一致。

④ 选中"中国海军博物馆　二〇一九年九月"文本框，单击【绘图工具】→【格式】选项卡→【形状样式】组启动器，在弹出的对话框中选择【填充】→【纯色填充】，选择

颜色为蓝色，透明度为 70%。设计完成的第 1 张幻灯片效果如图 3-3-4 所示。

　　⑤ 将图片设置进入效果为"在上一动画之后自左侧飞入"，持续时间为"02.00"。

　　⑥ 将三张战机图片设置进入效果为"在上一动画之后自左下部飞入"，持续时间为"00.50"。

图 3-3-4　封面幻灯片效果图

(3) 设计概述页(第 2 张幻灯片)的步骤如下：

　　① 对模板中的"前言"页进行修改，将"前言"更改为"概述"素材文件中的主要文字复制到该幻灯片的文本部分，保留原有格式。将文本的关键字以红色，加粗，加大一号字体显示。

　　② 选中第 1 张图片，单击【绘图工具】→【格式】→【形状样式】→【形状填充】→【图片】填充，在弹出的【插入图片】对话框中选择"舰徽.jpg"；用同样的方法，将第 2 张图片更改为"正在海试.jpg"。设计完成的概述页效果如图 3-3-5 所示。

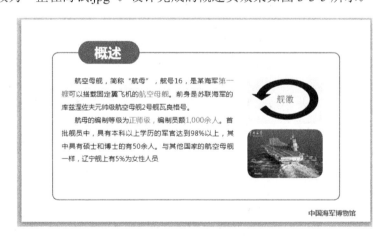

图 3-3-5　概述页参考效果图

(4) 设计目录页(第 3 张幻灯片)的步骤如下：

　　① 在模板中的"目录"页基础上进行修改，用上述的图片填充方法在左侧的矩形中填充图片"目录大海.jpg"。设置目录文本框的填充颜色为蓝色，透明度为 55%。

　　② 按住 Ctrl 键，同时选中"5""明年工作计划"再复制一份，移动至适合位置。依

次将目录中的文本修改为"简要历史""性能参数""动力系统""舰载武器""舰载机""内部舱室"。

③ 打开动画窗格，查看动画效果，根据放映顺序调整动画的先后顺序，将右箭头的进入动画和两个黄色强调动画移动到列表最后的位置。设计完成的目录页效果如图 3-3-6 所示。

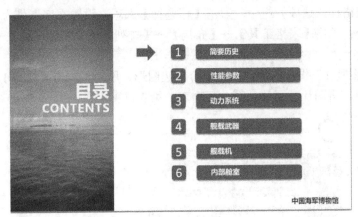

图 3-3-6　目录页效果图

(5) 设计第 4 张幻灯片的步骤如下：

删除第 4 张幻灯片，利用原第 5 张幻灯片进行修改。对模板内容进行删减，具体内容与设计最终效果如图 3-3-7 所示。

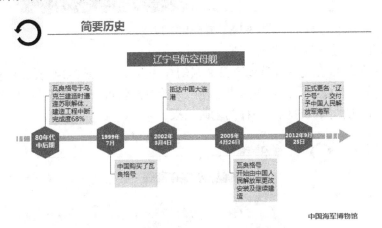

图 3-3-7　第 4 张幻灯片效果图

(6) 设计过渡页(第 5 张幻灯片)的步骤如下：

① 复制第 3 张幻灯片到第 4 张后，单击【动画】→【动画窗格】，在动画顺序中，删除前面的动画，仅保留右箭头的进入动画和两个黄色的强调动画，选中"1"图片，点击【高级动画】中的【动画刷】，再单击"2"图片复制动画，用同样的方法设置"性能参数"图片的动画。设置完成后，在动画窗格中删除前两个强调动画，将箭头移动至"1"的左侧位置即可。

② 第 7 张、第 9 张、第 11 张和第 13 张过渡页的设计方法同上。

(7) 设计第 6 张幻灯片的步骤如下：

① 如图 3-3-8 所示，将模板中的第 14 张幻灯片移动至第 6 张幻灯片位置，删除左侧文本区域，插入图片"图片 2.jpg"，删除背景，调至适合大小，移动至幻灯片右下角位置，将素材中的"舰长""舷宽""吃水""排水量"四个参数的内容复制到四个文本框中。

② 选中素材中的其余参数，以表格粘贴至幻灯片左侧，选择表格，在【表格工具】→【设计】→【表格样式选项】组中，取消【标题行】选项，设置文字字号为 16 磅，调整表格至适合大小；单击【表格工具】→【布局】→【排列】→【下移一层】→【置于底层】即可。

③ 选择"图片 1"作为图片背景的组合自选图形，用动画刷为"图片 1"图片和表格添加相同的动画，将图片动画移动至动画列表的第 3 位置。

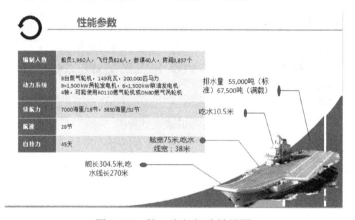

图 3-3-8　第 6 张幻灯片效果图

(8) 设计第 8 张幻灯片的步骤如下：

将模板中的第 35 张幻灯片移动至第 8 张幻灯片位置，按图 3-3-9 所示复制文本。删除右侧文本框内的黑色文字。插入图片"正在吊装的蒸汽轮机.jpg"，用动画刷为图片添加和文本框"正在吊装的蒸汽轮机"同样的动画效果。

图 3-3-9　第 8 张幻灯片效果图

骤如下：

动至第 10 张幻灯片位置，按图 3-3-10 所示将舰载武器内

图 3-3-10　第 10 张幻灯片效果图

(10) 设计第 12 张幻灯片的步骤如下：

将模板中的第 25 张幻灯片复制至第 12 张幻灯片位置，如图 3-3-11 所示，删除三个饼图及文字说明。将备用模板"大气商业创业计划书 PPT 模板.pptx"中第 19 张幻灯片的内容复制至第 12 张幻灯片的空白处。修改左侧图片为第 1 张幻灯片的战机图片，提炼素材文件中关于舰载机的内容介绍，归纳为三点完成文字编辑。

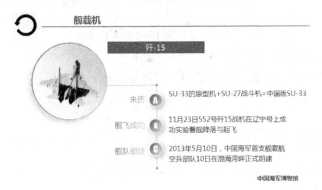

图 3-3-11　第 12 张幻灯片参考效果

(11) 设计第 14 张幻灯片的步骤如下：

如图 3-3-12 所示，将"精美翻书效果工作总结 PPT 模板.pptx"模板的第 4 张幻灯片复制至第 14 张幻灯片，提炼素材文件中关于内部舱室的文字介绍，列出三个主要内容完成文字编辑。

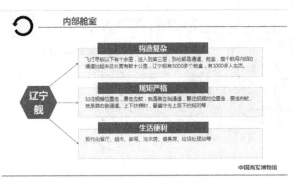

图 3-3-12　第 14 张幻灯片参考效果

(12) 设计第 15 张幻灯片的步骤如下：

在第 14 页后复制一张相同的幻灯片，如图 3-3-13 所示，删除标题下的整个图示结构，将备用模板"大气商业创业计划书 PPT 模板.pptx"中第 22 页幻灯片的 4 张图片同时复制至第 15 张幻灯片中；选中第 1 张图片，单击右键选择【更改图片】，在素材文件夹中选择"宿舍.jpg"，用同样的方法将其余 3 张图片分别更改为"洗衣房.jpg""食堂.jpg""消防车.jpg"。插入文本框，为图片添加说明文字，利用动画刷，为 4 个文本框添加和图片相同的动画效果，并调整图片的大小及位置。

图 3-3-13　第 15 页参考效果图

(13) 设计结束页(第 16 张幻灯片)的步骤如下：

复制封面 PPT 至第 16 张幻灯片位置，删除副标题，将主标题改为"谢谢观看"。删除后面不需要的所有幻灯片。

◇　相关知识

在制作演示文稿时，会用到来自网络的图片或一些需要编辑裁剪的图片，利用图片工具的删除背景、裁剪功能能够快速完成对图片的编辑。

4. 设置自定义放映

(1) 单击【幻灯片放映】→【开始放映幻灯片】→【自定义幻灯片放映】→【自定义放映...】，弹出【自定义放映】对话框；单击【新建】按钮，弹出如图 3-3-14 所示的【定义自定义放映】对话框，在左侧列表中选择 1 至 15 张幻灯片，单击【添加】按钮添加到右侧【在自定义放映中的幻灯片】列表中，再单击【确定】按钮，然后在【自定义放映】对话框中单击【关闭】按钮。

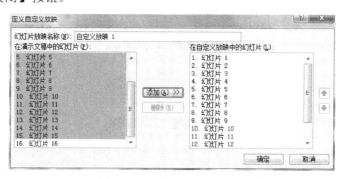

图 3-3-14　【定义自定义放映】对话框

(2) 单击【幻灯片放映】→【设置】→【设置幻灯片放映】，弹出如图 3-3-15 所示的【设置放映方式】对话框；选中【循环放映，按 ESC 键终止】选项，选中【自定义放映】选项，点击【确定】按钮。

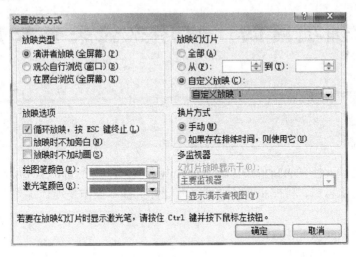

图 3-3-15 【设置放映方式】对话框

任务总结

以设计制作"带你走进航空母舰"介绍演示文稿为例，学习如何通过一篇 Word 文字素材，利用 PowerPoint 2010 模板创建演示文稿，经过策划分析和参考学习，快速设计出演示文稿的框架及结构，通过母版修改、图片运用、模板混用、素材提炼等快速完成作品的设计。通过本任务的练习，能够独立完成汇报、总结类演示文稿的设计及制作。

实践演练

"学习汇报"演示文稿制作

操作要求：根据个人学期总结，制作期末学习汇报演示文稿。

(1) 设计演示文稿的风格：要求根据个人情况，能够选择适合的模板，自行准备图片等素材，自定义幻灯片母版，每页均有本人姓名。

(2) 设计幻灯片内容：幻灯片构架合理，有封面、目录页、过渡页、内容面及结尾页，根据内容选择适合的版式，并注意图文并茂。

(3) 幻灯片动画：合理运用动画、切换效果。

(4) 自定义放映：循环播放，不播放最后一页。

(5) 保存要求：保存源文稿及放映文稿。

实训项目四　常用办公必备知识

 项目分析

办公自动化以其特有的高科技、新思维冲击着每一位办公室工作人员，因为现代工作者必须具备现代化思想、科技和业务技能，而计算机基本操作是现代工作者必须掌握的基本技能。

本项目需要完成以下任务：

(1) 行政办公必备知识。

(2) 常用工具软件的使用。

 知识目标

(1) 学会对文件与文件夹的管理，包括新建、删除、修改、搜索等。

(2) 能使用一种或多种压缩软件。

(3) 理解病毒的相关知识，了解常用杀毒软件。

(4) 能利用 PDF 阅读器对图片文件进行简单处理。

(5) 能够掌握一种简单的图片处理软件的使用。

 能力目标

通过学习本项目，基本能解决办公室常规操作，如计算机病毒的查杀、系统的修复、常用的办公软件的使用等。

任务一　行政办公计算机必备知识

任务简介

21 世纪的中国紧密跟随世界的步伐，不断创新科学技术，快速提高我国的文化软实力和经济实力。如今，计算机的办公自动化为行政办公室人员管理大大减小了任务多、事物杂的工作压力，显著提高了办公室管理工作的完成效率。各个行政岗位办公人员因职责不同，工作内容也不尽相同，所运用的计算机知识也有所不同，现将大部分常用知识做简单阐述。

任务目标

能够熟悉操作计算机，掌握操作系统的常用操作方法、文件与文件夹的管理、磁盘管理。

知识链接

➢ Windows 7 操作系统新用户的建立、密码的设置等基本操作。
➢ 文件及文件夹的搜索、新建、编辑等。
➢ 磁盘碎片整理、磁盘清理、磁盘检查及磁盘备份。

操作步骤

1. Windows 7 操作系统基本操作

(1) 新建文件夹：打开桌面的【计算机】图标，打开工作盘(以 E 盘为例)。在空白区域单击右键，在出现的快捷菜单中选择【新建】→【文件夹】，在输入状态下输入文件夹名称"公文文件"。继续在空白区域单击右键，用同样的方法再新建两个文件夹，名称分别为"领导工作文件"、"日常工作文件"。文件夹结构如图 4-1-1 所示。

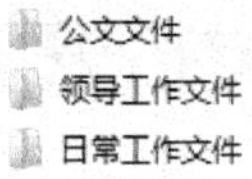

📂 公文文件
📂 领导工作文件
📂 日常工作文件

图 4-1-1　新建文件夹结构

(2) 新建子文件夹：双击"日常工作文件"文件夹，用同样的方法建立"办公室工作""技术部工作""销售部工作"三个文件夹。用同样的方法建立如图 4-1-2 所示的文件夹结构，建立时注意文件夹之间的关系。

📂 公文文件
　📂 单位文件
　　📂 公示
　　📂 函
　　📂 决定
　　📂 通报
　　📂 通知
　　📂 重庆市文件
　📂 领导工作文件
　　📂 李董事长
　　📂 张经理
　📂 日常工作文件
　　📂 办公室工作
　　📂 技术部工作
　　📂 销售部工作

图 4-1-2　含三级文件夹结构

◇　相关知识

> (1) Windows 操作系统采用树型目录结构管理文件的优势，主要是加快了目录的检索速度，解决了文件重名问题，便于实现文件保护、加密和共享，可以较好反映现实世界复杂层次结构的数据结合。
>
> (2) 路径分为绝对路径和相对路径。绝对路径是文件相对于系统根目录的路径，如："E:\领导工作文件\李董事长"。而相对路径是相对于系统当前工作目录的路径。

(3) 新建文件：在【计算机】窗口的地址栏直接输入"E:\领导工作文件\李董事长"后按回车键，这是打开"李董事长"文件夹的另一种方法。在空白区域单击右键，在出现的快捷菜单中选择【新建】→【Microsoft Word 文档】并输入文件名"年会演讲稿"，扩展名为默认的 Word 文档扩展名"docx"。用相同的方法在"办公室工作"文件夹中新建"部门报账经费统计表.xlsx"和"工作日志.txt"两个不同类型的文件。

(4) 将文件夹锁定到任务栏：打开"日常工作文件"文件夹，选择"办公室工作"文件夹后直接拖到任务栏的任意空白处，计算机会提示"附到 Windows 资源管理器"。添加成功后右键单击任务栏的文件夹便可以直接打开，不用再通过计算机一层层打开，如图 4-1-3 所示。此操作主要用于打开经常使用的文件夹。

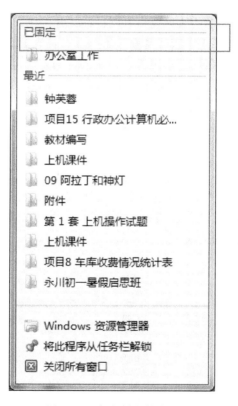

图 4-1-3　任务栏文件夹设置

(5) 搜索文件或文件夹：打开"C:\Windows\Cursors"文件夹，在地址栏右侧的搜索框中输入"pen"，如图 4-1-4 所示。鼠标拖动选择 pen 开头的多个文件，单击右键选择【复制】。打开"办公室工作"文件夹，右键单击空白区后选择【粘贴】。

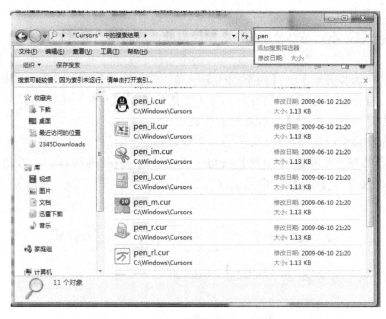

图 4-1-4 搜索结果窗口

(6) 隐藏文件或文件夹：选中"领导工作文件"文件夹，单击右键，在快捷菜单中选择【属性】，在弹出的属性对话框中勾选【隐藏】复选框，单击【确定】按钮后，选择【将更改应用于此文件夹、子文件夹和文件】→【确定】；单击【组织】→【文件夹和搜索选项】，弹出如图 4-1-5 所示的【文件夹选项】对话框，选择【查看】选项卡，根据需要设置是否显示该隐藏文件夹。

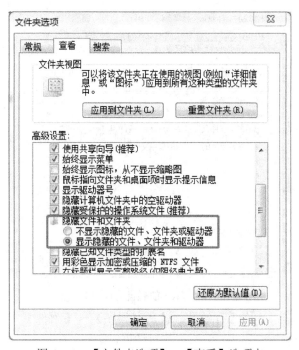

图 4-1-5 【文件夹选项】→【查看】选项卡

2. 系统工具的使用

(1) 磁盘清理：不管是办公电脑还是家用电脑，均需要定期对磁盘进行清理，以提高运行速度。

方法一：单击【开始】→【所有程序】→【附件】→【管理工具】→【磁盘清理】。

方法二：打开【计算机】，右键单击【本地磁盘 C 盘】，单击【属性】，弹出【本地磁盘 C：属性】对话框，单击【磁盘清理】按钮。

两种方法均会弹出如图 4-1-6 所示的对话框。扫描完成后弹出如图 4-1-7 所示的对话框，勾选需要清理的内容后单击【确定】按钮即可完成对 C 盘的清理。一般清理的对象有"Internet 临时文件""游戏统计信息文件""回收站""缩略图"等，其他可以根据情况确定清理对象。

图 4-1-6 【磁盘清理】对话框

图 4-1-7 【(C:)的磁盘清理】对话框

(2) 磁盘碎片整理：单击【开始】→【所有程序】→【附件】→【管理工具】→【磁盘碎片整理程序】，弹出如图 4-1-8 所示的对话框，选择"(C：)"盘，单击【磁盘碎片整理】。图 4-1-8 所示表示 C 盘无碎片，如果有碎片，则显示如图 4-1-9 所示的碎片整理情况。

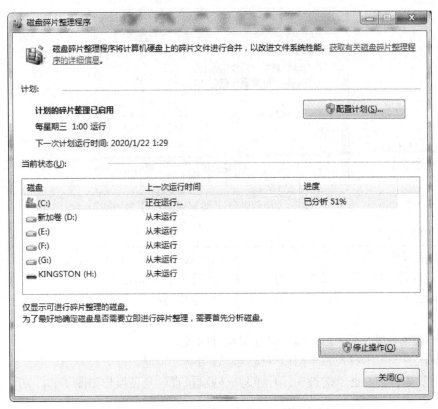

图 4-1-8　【磁盘碎片整理程序】对话框

图 4-1-9　磁盘碎片整理结果

(3) 磁盘检查：像人体体检一样，进行磁盘检查即可获取磁盘的健康状况。磁盘检查主要检查是否有坏道，可以把坏道屏蔽起来，避免总扫描到坏道。注意检查一次等于读写一遍，对硬盘有一定损伤。

磁盘检查方法：打开【计算机】，右键单击【本地磁盘 C 盘】，单击【属性】，弹出【本地磁盘 C：属性】对话框，选择【工具】选项卡，单击【开始检查】按钮，弹出如图 4-1-10 所示的对话框，单击【开始】按钮开始磁盘检查。

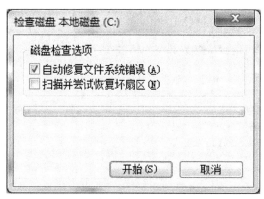

图 4-1-10　【检查磁盘 本地磁盘(C：)】对话框

✦　相关知识

  (1) 磁盘碎片是指硬盘读写过程中产生的不连续文件。硬盘上非连续写入的档案会产生磁盘碎片，磁盘碎片会加长硬盘的寻道时间，影响系统效能。

  (2) 红色显示部分是碎片，蓝色显示部分是整理好的文件，绿色显示部分是系统文件。

  (3) 磁盘清理时间较短，磁盘碎片整理时间长。

  (4) 没有明显卡顿现象不用磁盘检查，只用碎片整理。

  (5) 优先级别：磁盘清理—碎片整理—磁盘检查，几种操作如图 4-1-11 所示。

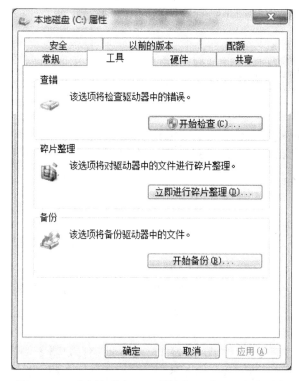

图 4-1-11　【本地磁盘(C：)属性】→【工具】选项卡

任务总结

本任务主要介绍了 Windows 部分的重要操作内容，是相对方便或者容易掌握的方法。读者应善于发现，善于总结，累积更多的学习方法和经验。

任务二　常用工具软件的使用

任务简介

小明是刚到某公司行政办公室工作的文科应届毕业生，对计算机操作不是很熟悉，除了要熟悉很多办公业务外，还需要进一步熟悉办公经常用到的软件，为提升自己的办公效率，小明将学习一些常用工具软件的使用。

任务目标

学会通过互联网下载、安装软件；熟练掌握办公过程中计算机的常用软件(压缩、杀毒、PDF 阅读、图像处理)的基本使用方法。

知识链接

➢　压缩软件。
➢　杀毒软件。
➢　PDF 阅读器。
➢　图像处理软件。
➢　常用小工具介绍。

操作步骤

1. 压缩软件的使用

(1) 压缩文件：选择"日常工作文件"文件夹，单击右键，在弹出的快捷菜单中选择【添加到压缩文件】，在弹出的【压缩文件名和参数】对话框中单击【设置密码】按钮，输入密码"123"后单击【确定】按钮。在【压缩文件名】文本框中输入"2018 年所有日常工作备份.rar"，如图 4-2-1 所示，单击【确定】按钮完成设置。压缩后容量小了很多，便于保存和传输。

图 4-2-1 【带密码压缩】对话框

(2) 解压文件：压缩文件在使用之前必须解压，解压缩操作非常简单，只要安装了压缩软件，选中"2018年所有日常工作备份.rar"文件后单击右键，选择【解压文件...】，在弹出的【解压路径和选项】对话框中找到"E:\文件备份\2018年"文件夹位置，单击【新建文件夹按钮】并输入"综合办公室日常工作"，如图 4-2-2 所示，单击【确定】按钮，最后输入压缩文件的密码即可完成解压操作。

图 4-2-2 【解压路径和选项】对话框

◇　相关知识

(1) 以上操作以 WINRAR 压缩软件为例讲解。WINRAR 是目前流行的压缩工具，界面友好，使用方便，在压缩率和速度方面都有很好的表现。

(2) 压缩软件较多，主要有 WINRAR、360 压缩、7-Zip、BandiZip、快压等。图 4-2-3 和图 4-2-4 将 WINRAR 和 360 压缩软件进行了对比。

(3) 几种压缩软件的优点如表 4-2-1 所示。可以根据需要选择一种适合自己工作的压缩软件。

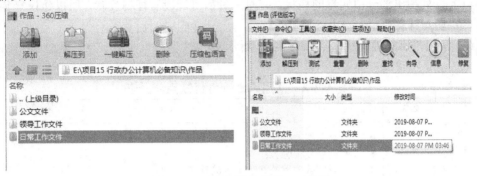

图 4-2-3　两种压缩软件窗口对比图

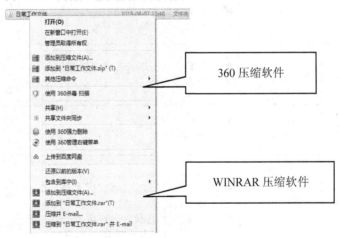

图 4-2-4　快捷菜单中两种软件对比

表 4-2-1　压缩软件的优点对比表

序号	软件名称	优　势
1	WINRAR	压缩率高，有独特的高压缩率算法，支持多种格式的解压，设置项目完善并且可以定制界面，对受损压缩文件的修复能力极强，带密码压缩、锁定压缩包，辅助功能设置细致
2	360 压缩	极速压缩，永久免费，扫描木马，易用设计，外观漂亮
3	7-Zip	数据压缩率最高
4	BandiZip	自动绕过损坏压缩文档，具有文件预览功能
5	快压	方便文件传送的多卷压缩功能，随时清理历史记录、保护隐私

2. 常用杀毒软件的使用

(1) 计算机中毒的症状有:

① 计算机的运行速度比正常慢得多;

② 计算机出现异常,如黑屏、蓝屏、死机、文件打不开等;

③ 未作任何操作自动弹出多个窗口;

④ 一些系统工具打不开。

以上只列举出部分中病毒的症状,有时中毒后可能没有任何症状,所以建议安装杀毒软件,定期对计算机进行查、杀毒操作。

(2) 常用杀毒软件的优缺点如表 4-2-2 所示

表 4-2-2　常用杀毒软件优缺点统计表

序号	软件名称	优　点	缺　点
1	360 安全卫士 +360 杀毒	● 完全免费; ● 断网修复很强大; ● 可以卸载内置的卸载不了的软件; ● 清理计算机运行时产生的缓存垃圾; ● 具有提前防御的功能; ● 拦截网页木马非常有效	● 查杀新木马、新病毒及未知病毒能力差; ● 自我防御体系非常差
2	McAfee 杀毒	● 免费,注册享受在线升级服务; ● 防毒能力强	● 配置比较麻烦; ● 病毒库升级慢; ● 程序运行速度慢
3	瑞星杀毒 金山杀毒	● 采用内存杀毒技术; ● 杀毒能力在国内同类型软件中较强	● 查杀病毒时内存占用量超大; ● 对新的病毒查杀能力不够
4	江民杀毒	● 占用内存低; ● 对于加壳的木马和后门有很强的判断能力; ● 对未知木马和后门病毒有一定的解析度和及时分析能力	● 对内存杀毒不强; ● 对于很多木马,在其加密后就无法判断了; ● 目前稳定性和兼容性有待提高

(3) 正确的操作方法有:

① 一台计算机只安装一个杀毒软件;

② 定期对系统进行垃圾清理、插件清理、上网痕迹清理及病毒查杀;

③ 经常升级查毒软件;

④ 做好对重要数据的备份。

(4) 以 360 安全卫士和杀毒软件为例介绍杀毒软件的使用。

① 全盘扫描即是对整个硬盘都扫描,花的时间较长,建议在不使用计算机时进行。

② 快速扫描是对系统的关键位置进行扫描,一般发觉计算机有使用速度慢等中毒现象时使用,如图 4-2-5 所示。

图 4-2-5　360 杀毒软件界面

③ 360 杀毒软件功能界面如图 4-2-6 所示。根据计算机的情况进行操作，这里不做一一介绍。

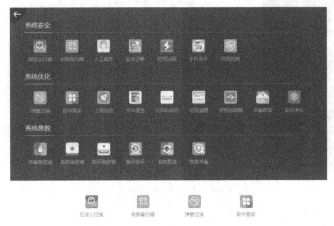

图 4-2-6　360 杀毒软件功能界面

④ 360 安全卫士的主要作用是系统日常使用后产生的问题的清理和维护，保护用户的系统安全，优化用户的运行速度等，其界面如图 4-2-7 所示，均属可视化操作，简单易懂。

图 4-2-7　360 安全卫士界面

3. PDF 阅读器的使用

常用 PDF 阅读器的种类有：Adobe Reader XI、Adobe Acrobat Pro、方正 Apabi Reader、福昕阅读器、极速 PDF 阅读器。下面以用得最多的 Adobe Reader XI 为例做简单介绍。

(1) 页面的放大和缩小：单击工具栏放大按钮 ➕(或使用组合键 Ctrl+加号)和缩小按钮 ➖(或使用组合键 Ctrl+减号)，如要显示具体的比例，可在工具栏上面的"放大缩小输入框"里面输入放大的倍数，如图 4-2-8 所示。

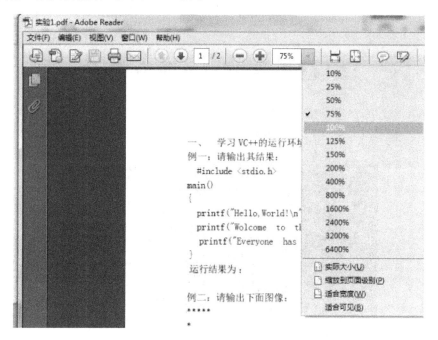

图 4-2-8　显示比例设置方法图

(2) 页面旋转有两种方法：

① 使用快捷键 Ctrl + Shift + + 顺时针旋转，使用快捷键 Ctrl + Shift + − 逆时针旋转。

② 单击【视图】→【旋转视图】→【顺时针】或【逆时针】。

(3) 搜索文件里面的内容：单击【编辑】→【查找】(或按组合键 Ctrl + F)，在搜索框里面输入要搜索的内容进行查找，如图 4-2-9 所示。

图 4-2-9　查找内容设置效果图

(4) 添加注释：单击工具栏上面的【注释】，选择【添加附注】按钮 💬 并将鼠标移到要添加注释的位置，输入注释内容并保存，如图 4-2-10 所示。

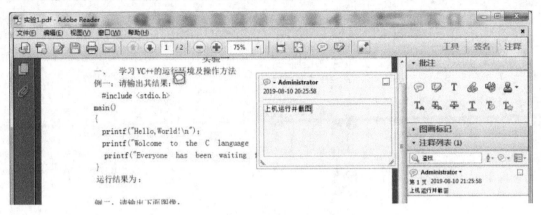

图 4-2-10　添加注释设置效果图

(5) 复制文字：选择需要复制的文字，单击【编辑】→【复制】。可以将 PDF 文件的文字复制到其他格式的文件里，如 Word、文本文件等。

(6) 快照生成图片：单击【编辑】→【拍快照】，鼠标拖动选择需要生成图片的内容，系统提示"选定的区域已被复制"，如图 4-2-11 所示。此操作生成的是图片，与复制文字不同。

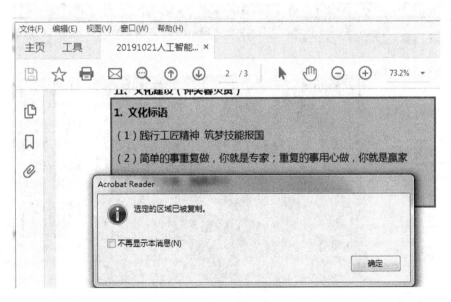

图 4-2-11　快照设置效果图

(7) 播放 PDF 中的视频和音乐：使用"手形"工具或"选择"工具，单击视频或声音文件的播放区域。当指针被放置在播放区域上方时，它将更改为播放模式图标。

4. 简单的图像处理

图像处理软件很多，如 Photoshop、Fireworks、Illustrator 等是专业的图像处理软件，美图秀秀、光影魔术手等是非专业人员用得较多的图像处理软件。

美图秀秀操作简单，基本功能齐全，占用内存小，适合进行简单的图像处理。下面以美图秀秀为例进行介绍，其主界面如图 4-2-12 所示，从界面可以看出它的主要功能。

图 4-2-12　美图秀秀主界面

(1) 美化图片：打开美图秀秀，单击【美化图片】→【打开图片】，如图 4-2-13 所示。右侧有一些特效模式，左边有一键美化功能，如果不想自己设置，可以用这些方法。

图 4-2-13　美化图片效果图

局部彩色笔的使用：单击【美图秀秀】对话框左侧的【局部变色笔】，勾选【皮肤变色(美白)】，将鼠标指标定位到面部后，拖动鼠标完成美白效果，如图 4-2-14 所示。完成后的对比图如图 4-2-15 所示。可以用此方法来设置背景、头发、面部及嘴唇等局部颜色的调整。

图 4-2-14　【局部变色笔】窗口

图 4-2-15　肤色调整前后效果图

　　(2) 抠图：是把图片或影像的某一部分从原始图片或影像中分离出来成为单独的图层。在工作过程中，很多时候要用到去掉背景图，只要图片中的一部分的情况，这就要用到抠图操作。如图 4-2-16 所示为抠图前后的效果对比图。

图 4-2-16　抠图前后效果对比图

具体步骤如下：

① 单击【抠图】→【自动抠图】，如图 4-2-17 所示。用鼠标拖动画出需要抠图的区域。但自动抠图会抠出不需要的部分，在这种情况下建议使用手动抠图。

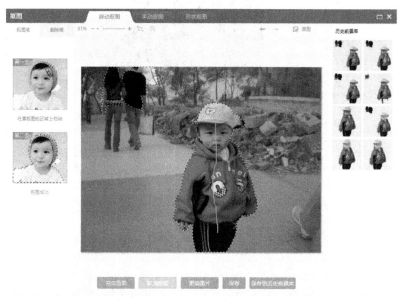

图 4-2-17　自动抠图

② 单击【抠图】→【手动抠图】，使用"抠图笔"描绘所要抠图图像的轮廓，绘制完之后，轮廓线上将出现小圆点，如图 4-2-18 所示。

图 4-2-18　手动抠图

(3) 添加背景：单击【完成抠图】，进入【杂志背景】界面，【边缘羽化】设置为最大，在界面的右上角设置背景，选择【风景背景】中的一种，然后将人物图片放到合适的位置，单击【完成】按钮，如图 4-2-19 所示。最后单击【保存】按钮进行保存。

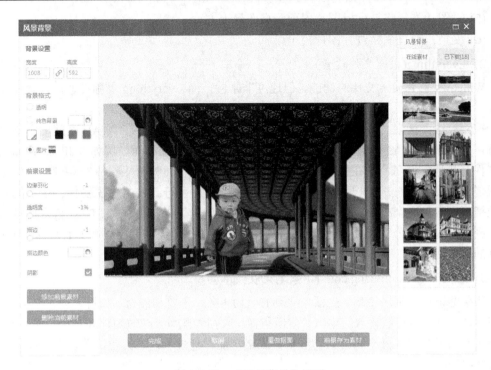

图 4-2-19　【风景背景】界面

保存后可以对比处理前后的效果，如图 4-2-20 所示。

图 4-2-20　处理前面效果对比图

美图秀秀还有很多功能，但操作非常简单，根据界面提示便可学会，这里就不一一介绍了。

5. 常用小工具的使用

以下几款常用的工具软件操作简单，只需要下载后安装就可以使用了。

1) 天若 OCR(文字识别工具)

(1) 识别功能：将图片中的文字转换成可编辑文本。

(2) 翻译功能：识别图片中的文字并进行翻译。

(3) 截图功能：拥有丰富的截图标注功能。

(4) 录制功能：可以快速录制 gif 格式的文件并且添加水印。

(5) 贴图功能：将粘贴板图片置顶到桌面最上方。

(6) 变换：通过变换进行图片校正。

2) Everything(极速文件搜索)

Windows 也有搜索文件的功能，但速度非常慢，而 Everything 堪称神速，搜索速度非常快。

搜索方法：搜索 A 和 B 同时出现的文件及文件夹，输入"A B"(AB 之间用空格隔开即可)；如果要搜索某一类型文件，则输入此类文件的扩展名即可，例如".JPG3"；如果此类文件有几种扩展名，则在扩展名称中间加"|"；依然有通配符"*""？""。""*"可以匹配任意长度和类型的字符，"？"可以匹配单个任意字符；搜索中需要包含空格的时候即把搜素内容加上空格，例如在搜索框输入"C D"搜索结果就是"C D"；指定搜索为位置，例如输入"办公室文件\演讲"表示在"办公室文件"文件夹中寻找所有包含"演讲"二字的文件。

3) https://www.yinxiang.com/(印象笔记在线编辑)

印象笔记用于记录工作、生活、学习的一切事务，主要功能有：项目管理、收藏食谱、知识管理、记住用户最喜欢的地方、扫描和管理收据和账单、随时随地高效率、读书笔记、同步多看阅读笔记、分享家庭购物清单、表格功能、管理名片、打包清单、电影清单、房屋装修等。

任务总结

本任务只针对大多数常用工具软件做简单介绍，根据各工作岗位及工作性质的不同，还有很多实用的小工具软件可以使用。通过本任务的学习，可以开拓读者的思维，利用网络资源搜索、下载各种工具，提高读者的办公效率。

附　　录

附录 1　搜狗拼音输入法知识介绍

一、简介

　　搜狗拼音输入法是 2006 年 6 月由搜狐(SOHU)公司推出的一款 Windows 平台下的汉字拼音输入法。搜狗拼音输入法是基于搜索引擎技术的、特别适合网民使用的、新一代的输入法产品，用户可以通过互联网备份自己的个性化词库和配置信息。

二、汉字输入方法

　　搜狗拼音输入法支持声母简拼和声母的首字母简拼，同时，搜狗输入法支持简拼全拼的混合输入。如"张靓颖"可输入"zhly""zly"或者"zhangly""zliangy""zlying"。但简拼中，当首字母既是声母又是韵母时，需用"'"(单引号)隔开。如"我爱你"可输入"w'a'n"，而若输入"wan"将输出"玩"字。

　　(1) 单字：全拼。
　　(2) 词语：全拼、简拼、混拼。
　　(3) 中英混合输入时，输入少量英文：用"v＋英文"输入；或用"英文＋回车"输入。
　　(4) 零声母前加单引号。如"天安门"输入"tiananmen""tian'anmen"或"t'am"，"西安"输入"xi'an"而不是"xian"。

三、常用技巧

1. 选字
　　(1) 翻页键："逗号键(,)、句号键(。)"；"减号(–)、等号(=)"；"左、右方括号([、])"。
　　(2) 打字前序号上字，编号为 1 的字还可按空格键上字。

2. 特殊符号输入
　　(1) 软键盘。
　　(2) 表情&符号。

3. 生僻字的输入
　　拆分输入法，如：leileilei 矗、niuniuniu 犇、buyao 夒、wangba 夭。

4．V 模式

全拼状态下输入如下内容显示相应文字。

金额：v210.24	二百一十元二角四分贰佰壹拾元贰角肆分
日期：v2011n8y12r	2011 年 8 月 12 日
	二〇一一年八月十二日
日期：v2011.08.12.	2011 年 08 月 12 日(星期五)
	二〇一一年〇八月十二日(星期五)
	辛卯[兔]年七月十三

5．U 模式

笔画输入：横(h)、竖(s)、撇(p)、捺(n)、点(d)、折(z)。如：输入"uhhsh"(横横竖竖)即可输出"珏"字，输入"uhspnz"(横竖撇捺折)即可输出"札"字。

Tab 键笔画筛选：拼音＋笔画。先输入该字的拼音，按 Tab 键(拆字辅助码)，再输入该字的前几笔。如：输入"zhen"＋Tab 键＋"hh"即可输出"珍"字；输入"xian"＋Tab 键＋"nx"(女闲)即可输出"娴"字。

6．日期、时间、星期快捷输入

rq2011 年 8 月 22 日农历七月廿三

sj2011 年 8 月 22 日 13:20:09

xq2011 年 8 月 22 日星期一

7．常用快捷方式

搜狗拼音常用快捷方式如附图 1 所示。

附图 1　常用快捷方式

8．自定义短语

打开搜狗输入法的设置面板(如附图 2 所示)，单击【高级】→【自定义短语】→【自定义短语设置】→【添加新定义】，在弹出的如附图 3 所示的对话框中进行设置。

附图 2　【属性设置】对话框

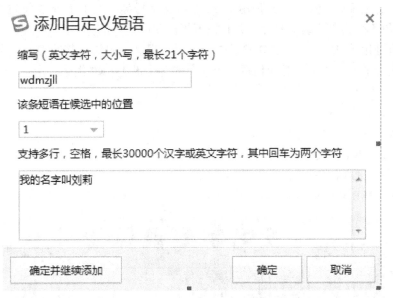

附图 3　【添加自定义短语】对话框

9. 网址输入

网址输入的方法如下：

(1) 输入以 www.、http:、ftp:、telnet:、mailto:等开头的网址，可自动识别进入到英文输入状态，后面可以输入 www.sogou.com、ftp://sogou.com 等类型的网址。

(2) 输入非 www.等开头的网址，可直接输入字母名称(中间用圆点隔开)，如 abc.abc(但是不能输入 abc123.abc 类型的网址，因为句号被当作默认的翻页键)。

附录2 五笔输入法知识介绍

一、简介

五笔字型输入法(简称五笔)是王永民在 1983 年 8 月发明的一种汉字输入法。因为发明人姓王，所以也称为"王码五笔"。五笔字型完全依据笔画和字形特征对汉字进行编码，是典型的形码输入法。

五笔相对于拼音输入法具有重码率低(用五笔打出一个字或一个词,最多需要 4 个字母)的特点，熟练后可快速输入汉字。

二、汉字输入方法

1. 基本原则

(1) 五笔原则：一丨丿、乙(即横 竖 撇 捺 折)。

(2) 五个笔划在键盘上的分布原则。

在五笔字型编码方案中，只使用了 26 个英文字母键，除了字母 Z 作为学习键外，其余 25 个字母都作为基本编码使用。并且按五笔对汉字笔画的分类(即横、竖、撇、捺、折)，将键盘上所使用的 25 个字母键分成了 5 个区，再根据字根第一笔的类型，将所有 130 多个基本字根分成 5 个部分，对应到每一个区上的各个键上，如附图 4 所示。25 个字母键的 5 个区的划分如下：

第 1 区：G F D S A；

第 2 区：H J K L M；

第 3 区：T R E W Q；

第 4 区：Y U I O P；

第 5 区：N B V C X。

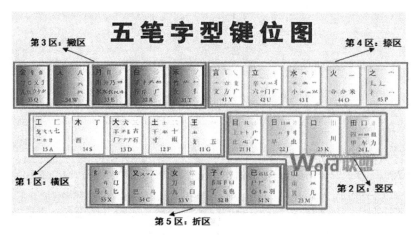

附图 4　五笔字型键位图

(3) 五笔字根的分布原则如附图 5 所示。

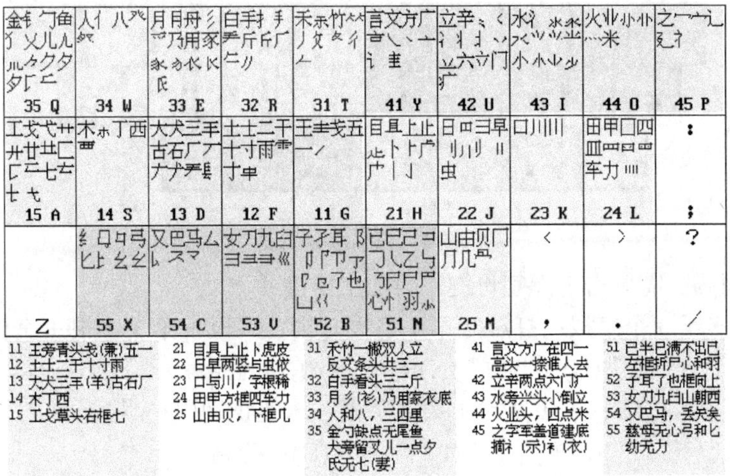

附图 5　86 版字根图

① 每个字根的第一笔定区，第二笔定位(即看第一笔定位在哪个区的 5 个键之中，看第二笔就定位在这 5 个键中的哪个键。70%的字根符合此原则)。

② 只能强记的字根(仅 5%)如"木丁西"在 S 键上。

(4) 五笔打字总原则：能打一个，决不打两，以提高效率。

2. 输入方法

(1) 一级简码：需单击一下字母键，再加空格(有 25 个汉字)。一级简码表如附表 1 所示。

附表 1　一级简码表

我 Q	人 W	有 E	的 R	和 T	主 Y	产 U	不 I	为 O	这 P
工 A	要 S	在 D	地 F	一 G	上 H	是 J	中 K	国 L	
	经 X	以 C	发 V	了 B	民 N	同 M			

(2) 二级简码：需单击两下字母键，再加空格键。

① 刚好两个字根：如"好"="女"(V)+"子"(B)+空格；"从"="人"(W)+"人"(W)+空格。

② 3 个以上字根：只打前面两个，如"渐"="氵"(I)+"车"(L)+空格。

③ 成字字根：既是字根也是单个汉字。打法：先打字根键，再打该字第一笔，如"米"="米"(O)+"丶"(Y)+空格。

④ 键名字：各个键上的第一个字根，即"助记词"中打头的那个字根(在键盘上每个字母键都有一个英文名称，如 A 键、B 键等。在五笔输入法中，也给除 Z 键以外的每个字母键起了一个中文名称，总共有 25 个键名字)。例如：A 键对应"工"，D 键对应"大"。

打法：连击 4 次所在键(但有些键名字也是成字字根等，不需击 4 次键，如"人")，键名字如附图 6 所示。

注：五笔输入法中二级简码汉字占了大部分，熟练掌握对提高输入速度很有帮助。

附图6　键名字分布图

(3) 三级简码：需单击3下字母键，再加空格键。

① 3个或多于3个字根：打法 = 第1字根 + 第2字根 + 第3字根 + 空格。

例如："些" = "止"(H) + "匕"(X) + "二"(F) + 空格。

② 两个字根：打法 = 第1字根 + 第2字根 + 末笔识别码+空格。

例如："里" = "日"(J) + "土"(F) + "三"(D) + 空格。

末笔识别码：在打完字根而还打不出该字的时候，需要加一个"末笔识别码"。定位"末笔识别码"分两步：

第一步即该字末笔是哪种笔划(一、丨、丿、丶、乙)。

第二步即该汉字是什么结构：左右结构、上下结构、其他结构(杂合结构)。

末笔识别码公式：末笔识别码 = 末笔画×字结构(左右1、上下2、集合3)。

例如："玟"的末笔识别码 = 末笔画(丶)×字结构(左右1) = 丶×1 = 丶 = y；

"青"的末笔识别码 = 末笔画(一)×字结构(集合2) = 一×2 = 二 = f；

"里"的末笔识别码 = 末笔画(一)×字结构(集合3) = 一×3 = 三 = d。

③ 成字字根：打法 = 字根键 + 该字第1笔 + 第2笔 + 空格。成字字根如附表2所示。

例如："丁" = "丁" + "一" + "丨" + 空格。

附表2　成字字根表

区　号	成字字根
1区	一五戈，土二干十寸雨，犬三古石厂，丁西，戈弋廿廾匚七
2区	卜上止丨，曰刂早虫，川，甲口四皿车力，由贝门几
3区	竹攵夂彳丿，手扌斤，彡乃用豕，亻八，钅勹儿夕
4区	讠文方广丶，辛六疒门冫，氵小，灬米，辶廴宀宀
5区	已己尸心忄羽乙，子耳阝，卩了也山，刀九臼彐，厶巴马，幺弓匕

④ 三级键名汉字：打法 = 键名键 + 键名键 + 键名键 + 空格。如"言" = 言 + 言 + 言 + 空格。

(4) 四级简码：需单击4下字母键(注意不能再加空格)。

① 4个或4个以上字根的汉字：打法 = 第1字根 + 第2字根 + 第3字根 + 末字根。

例如："命" = "人"(W) + "一"(G) + "口"(K) + "卩"(B)。

② 只有 3 个字根的汉字：打法 = 第 1 字根 + 第 2 字根 + 第 3 字根 + 末笔识别码。

例如："诵" = "讠"(Y) + "厶"(C) + "用"(E) + "H-21"。

③ 四级成字字根，打法 = 字根键 + 字根第 1 笔 + 字根第 2 笔 + 字根末笔。

例如："干" = "干"(F) + "一"(G) + "一"(G) + "丨"(H)(注意不是末字根，也不是末笔识别码)。

④ 四级键名汉字，打法 = 键名键 + 键名键 + 键名键 + 键名键。

例如："土" = "土" + "土" + "土" + "土"。

(5) 词组打法。

① 二字词 = 首字第 1 字根 + 首字第 2 字根 + 第 2 字第 1 字根 + 第 2 字第 2 字根，如"明天" = "日" + "月" + "一" + "大"，"我们" = "丿" + "扌" + "亻" + "门"。(注意："我"字是一级简码，打词级时不能按一级简码打，而要按"第 1 字根" + "第 2 字根"的打法，其他一级简码如"发""为"字等类推，"发现" = 乙 + 丿 + 王 + 见，其他多字词同样如此)。

② 三字词 = 首字第 1 字根 + 第 2 字第 1 字根 + 第 3 字第 1 字根 + 第 3 字第 2 字根，如"计算机" = "讠" + "竹" + "木" + "几"。

③ 四字词 = 按顺序打每个字的第一个字根，如"民主党派" = "乙" + "丶" + "亻" + "氵"。

④ 多字词 = 按顺序打前三个字的第一个字根 + 最后一个字的第一字根，如"中华人民共和国" = "口" + "亻" + "人" + "囗"。

三、附加介绍

(1) 万能帮助键"Z"用法。

Z 键为万能帮助键，它不但可以代替"识别码"，帮我们把字找出来，告诉我们"识别码"，而且还可以代替我们一时记不清或分解不准的任何汉字，并通过提示行，使我们知道 Z 键对应的键位或字根。

例如："劳"的五笔代码"APL"，不知识别码是什么，加 Z 键可帮助识别，在提示框中就有"劳"的完整代码。

(2) 汉字的笔画及其变形表如附表 3 所示。

附表 3　字根变形表

代　号	笔画名称	笔画走向	笔画及其变形
1	横	左→右	一
2	竖	上→下	丨丨
3	撇	右上→左下	丿
5	捺	左上→右下	丶
6	折	带转折	乙乚ㄣ丿㇉乚

(3) 汉字的三种字型如附表 4 所示。

附表 4　汉字字形表

字型代号	字　型	举　　例
1	左右	江　湘　结　别
2	上下	字　学　花　华
3	杂合	困　凶　这　乘　司 本　重　且　乡　东

(4) 五笔字型字根区位分布如附表 5 所示。

附表 5　字根分布表

区号＼位号	1	2	3	4	5
横　1	11　王　G　一	12　土　F　二	13　大　D　三	14　木　S	15　工　A
竖　2	21　目　H　丨	22　日　J　刂	23　口　K　川	24　田　L	25　山　M
撇　3	31　禾　T　丿	32　白　R　丬	33　月　E　彡	34　人　W	35　金　Q
捺　4	41　言　Y　丶	42　立　U　冫	43　水　I　氵	44　火　O　灬	45　之　P
折　5	51　已　N　乙	52　子　B　巛	53　女　V　巛	54　又　C	55　纟　X

(5) 末笔字型识别码的构成如附表 6 所示。

附表 6　末笔字型识别码

末笔代号＼字型代号	左右型　1	上下型　2	杂合型　3
横　1	11　G	12　F	13　D
竖　2	21　H	22　J	23　K
撇　3	31　T	32　R	33　E
捺　4	41　Y	42　U	43　I
折　5	51　N	52　B	53　V

(6) 汉字的拆分原则主要遵从以下要点：

能散不连；

兼顾直观；

能连不交；

取大优先。

附录3　常用快捷键汇总

一、Windows 快捷键

Windows 快捷键如附表 7 所示。

附表 7　Windows 快捷键

序　号	快捷键	作　用	备　注
1	Win + L	直接锁屏	电脑设置了密码使用才有意义
2	Win + E	打开资源管理器	
3	Win + D	退出当前所有操作，直接返回桌面	
4	Win + Tab	3D 效果切换窗口	
5	Alt + Tab	普通切换窗口	
6	Win + +++++	打开放大镜窗口	按放大或缩小按钮可随意对电脑桌布大小进行缩放，适合查看图片

二、文字处理快捷键

文字处理快捷键如附表 8 所示。

附表 8　文字处理快捷键

快捷键	作　用	备　注	快捷键	作　用	备　注
Ctrl + A	全选	All	Ctrl + O	打开	Open
Ctrl + B	粗体	Black	Ctrl + P	打印	Print
Ctrl + C	复制	Copy	Ctrl + R	右对齐	Right Align
Ctrl + D	字体格式	Decorate	Ctrl + S	保存	Save
Ctrl + E	居中对齐	Encenter	Ctrl + T	首行缩进	=Tab
Ctrl + F	查找	Find	Ctrl + U	下划线	Underline
Ctrl + G	定位	Get address	Ctrl + V	粘贴	Shift + Inser
Ctrl + H	替换	Huan	Ctrl + W	关闭当前的窗口、标签页、工作、文件或停止媒体播放 Work	
Ctrl + I	斜体	italic	Ctrl + X	剪切	
Ctrl + J	两端对齐	Justify	Ctrl + Y	重复	Alt + Shift + Backspace
Ctrl + K	超级链接	King Link	Ctrl + Z	撤销	Alt + Backspace
Ctrl + L	左对齐	Left Ailgn	Ctrl + F4	Word 中关闭当前应用程序中的当前文件	
Ctrl + M	左缩进	M…	Ctrl + F6	Word 中切换到当前应用程序中的下一个文本	
Ctrl + N	新建	New			

附录4　全国计算机等级考试二级 MS Office 高级应用考试大纲(2018年版)

一、基本要求

(1) 掌握计算机基础知识及计算机系统组成。

(2) 了解信息安全的基本知识，掌握计算机病毒及防治的基本概念。

(3) 掌握多媒体技术基本概念和基本应用。

(4) 了解计算机网络的基本概念和基本原理，掌握因特网网络服务和应用。

(5) 正确采集信息并能在文字处理软件 Word、电子表格软件 Excel、演示文稿制作软件 PowerPoint 中熟练应用。

(6) 掌握 Word 的操作技能，并熟练应用编制文档。

(7) 掌握 Excel 的操作技能，并熟练应用进行数据计算及分析。

(8) 掌握 PowerPoint 的操作技能，并熟练应用制作演示文稿。

二、考试内容

(一) 计算机基础知识

(1) 计算机的发展、类型及其应用领域。

(2) 计算机软硬件系统的组成及主要技术指标。

(3) 计算机中数据的表示与存储。

(4) 多媒体技术的概念与应用。

(5) 计算机病毒的特征、分类与防治。

(6) 计算机网络的概念、组成和分类；计算机与网络信息安全的概念和防控。

(7) 因特网网络服务的概念、原理和应用。

(二) Word 的功能和使用

(1) Microsoft Office 应用界面使用和功能设置。

(2) Word 的基本功能，文档的创建、编辑、保存、打印和保护等基本操作。

(3) 设置字体和段落格式、应用文档样式和主题、调整页面布局等排版操作。

(4) 文档中表格的制作与编辑。

(5) 文档中图形、图像(片)对象的编辑和处理，文本框和文档部件的使用，符号与数学公式的输入与编辑。

(6) 文档的分栏、分页和分节操作，文档页眉、页脚的设置，文档内容引用操作。

(7) 文档审阅和修订。

(8) 利用邮件合并功能批量制作和处理文档。

(9) 多窗口和多文档的编辑，文档视图的使用。

(10) 分析图文素材，并根据需求提取相关信息引用到 Word 文档中。

(三) Excel 的功能和使用

(1) Excel 的基本功能，工作簿和工作表的基本操作，工作视图的控制。

(2) 工作表数据的输入、编辑和修改。

(3) 单元格格式化操作、数据格式的设置。

(4) 工作簿和工作表的保护、共享及修订。

(5) 单元格的引用、公式和函数的使用。

(6) 多个工作表的联动操作。

(7) 迷你图和图表的创建、编辑与修饰。

(8) 数据的排序、筛选、分类汇总、分组显示和合并计算。

(9) 数据透视表和数据透视图的使用。

(10) 数据模拟分析和运算。

(11) 宏功能的简单使用。

(12) 获取外部数据并分析处理。

(13) 分析数据素材，并根据需求提取相关信息引用到 Excel 文档中。

(四) PowerPoint 的功能和使用

(1) PowerPoint 的基本功能和基本操作，演示文稿的视图模式和使用。

(2) 演示文稿中幻灯片的主题设置、背景设置、母版制作和使用。

(3) 幻灯片中文本、图形、SmartArt、图像(片)、图表、音频、视频、艺术字等对象的编辑和应用。

(4) 幻灯片中对象动画、幻灯片切换效果、链接操作等交互设置。

(5) 幻灯片放映设置，演示文稿的打包和输出。

(6) 分析图文素材，并根据需求提取相关信息引用到 PowerPoint 文档中。

三、考试方式

上机考试，考试时长 120 分钟，满分 100 分。

1. 题型及分值

单项选择题 20 分(含公共基础知识部分 10 分)。

Word 操作 30 分。

Excel 操作 30 分。

PowerPoint 操作 20 分。

2. 考试环境

操作系统：中文版 Windows 7。

考试环境：Microsoft Office 2010。

附录5 全国计算机等级考试二级MS Office高级应用历届真题(含答案和解析)

第一套

一、选择题(每小题1分,共20分)

1. 一个栈的初始状态为空。现将元素1、2、3、4、5、A、B、C、D、E依次入栈,然后再依次出栈,则元素出栈的顺序是( )。

A. 12345ABCDE   B. EDCBA54321   C. ABCDE12345   D. 54321EDCBA

2. 下列叙述中正确的是( )。

A. 循环队列有队头和队尾两个指针,因此,循环队列是非线性结构

B. 在循环队列中,只需要队头指针就能反映队列中元素的动态变化情况

C. 在循环队列中,只需要队尾指针就能反映队列中元素的动态变化情况

D. 循环队列中元素的个数是由队头指针和队尾指针共同决定的

3. 在长度为n的有序线性表中进行二分查找,最坏情况下需要比较的次数是( )。

A. $O(n)$ B. $O(n^2)$ C. $O(\log_2 n)$ D. $O(n\log_2 n)$

4. 下列叙述中正确的是( )。

A. 顺序存储结构的存储一定是连续的,链式存储结构的存储空间不一定是连续的

B. 顺序存储结构只针对线性结构,链式存储结构只针对非线性结构

C. 顺序存储结构能存储有序表,链式存储结构不能存储有序表

D. 链式存储结构比顺序存储结构节省存储空间

5. 数据流图中带有箭头的线段表示的是( )。

A. 控制流   B. 事件驱动   C. 模块调用   D. 数据流

6. 在软件开发中,需求分析阶段可以使用的工具是( )。

A. N—S图   B. DFD图   C. PAD图   D. 程序流程图

7. 在面向对象方法中,不属于"对象"基本特点的是( )。

A. 一致性   B. 分类性   C. 多态性   D. 标识唯一性

8. 一间宿舍可住多个学生,则实体宿舍和学生之间的联系是( )。

A. 一对一   B. 一对多   C. 多对一   D. 多对多

9. 在数据管理技术发展的三个阶段中,数据共享最好的是( )。

A. 人工管理阶段   B. 文件系统阶段

C. 数据库系统阶段   D. 三个阶段相同

10. 有三个关系R、S和T如下:

R	
A	B
m	1
n	2

S	
B	C
1	3
3	5

T		
A	B	C
m	1	3

由关系 R 和 S 通过运算得到关系 T，则所使用的运算为(　　)。

A．笛卡尔积　　　　　B．交　　　　　C．并　　　　　D．自然连接

11．在计算机中，组成一个字节的二进制位位数是(　　)。

A．1　　　　　B．2　　　　　C．4　　　　　D．8

12．下列选项属于"计算机安全设置"的是(　　)。

A．定期备份重要数据　　　　　B．不下载来路不明的软件及程序

C．停掉 Guest 账号　　　　　D．安装杀(防)毒软件

13．下列设备组中，完全属于输入设备的一组是(　　)。

A．CD-ROM 驱动器，键盘，显示器　B．绘图仪，键盘，鼠标器

C．键盘，鼠标器，扫描仪　　　　　D．打印机，硬盘，条码阅读器

14．下列软件中，属于系统软件的是(　　)。

A．航天信息系统　　B．Office 2003　　C．Windows Vista　　D．决策支持系统

15．如果删除一个非零无符号二进制偶整数后的 2 个 0，则此数的值为原数(　　)。

A．4 倍　　　　　B．2 倍　　　　　C．1/2　　　　　D．1/4

16．计算机硬件能直接识别、执行的语言是(　　)。

A．汇编语言　　B．机器语言　　　　C．高级程序语言　　D．C++语言

17．微机硬件系统中最核心的部件是(　　)。

A．内存储器　　B．输入输出设备　　C．CPU　　　　　D．硬盘

18．用"综合业务数字网"(又称"一线通")接入因特网的优点是上网通话两不误，它的英文缩写是(　　)。

A．ADSL　　　　B．ISDN　　　　C．ISP　　　　　D．TCP

19．计算机指令由两部分组成，它们是(　　)。

A．运算符和运算数　　　　　B．操作数和结果

C．操作码和操作数　　　　　D．数据和字符

20．能保存网页地址的文件夹是(　　)。

A．收件箱　　　　B．公文包　　　　C．我的文档　　　　D．收藏夹

二、文字处理题(共 30 分)

请在【答题】菜单下选择【进入考生文件夹】命令，并按照题目要求完成下面的操作。

注意：以下的文件必须保存在考生文件夹下。

在考生文件夹下打开文档 WORD．DOCX，按照要求完成下列操作并以该文件名(WORD．DOCX)保存文件。

按照参考样式"word 参考样式.jpg"完成设置和制作。

具体要求如下：

(1) 设置页边距为上下左右各 2.7 厘米，装订线在左侧；设置文字水印页面背景，文字为"中国互联网信息中心"，水印版式为斜式。

(2) 设置第一段落文字"中国网民规模达 5.64 亿"为标题；设置第二段落文字"互联网普及率为 42.1%"为副标题；改变段间距和行间距(间距单位为行)，使用"独特"样式修饰页面；在页面顶端插入"边线型提要栏"文本框，将第三段文字"中国经济网北京1月15日讯中国互联网信息中心今日发布《第31展状况统计报告》。"移入文本框内，设置字体、字号、颜色等；在该文本的最前面插入类别为"文档信息"、名称为"新闻提要"域。

(3) 设置第四至第六段文字，要求首行缩进 2 个字符。将第四至第六段的段首《报告》显示"和"《报告》表示"设置为斜体、加粗、红色、双下划线。

(4) 将文档"附：统计数据"后面的内容转换成 2 列 9 行的表格，为表格设置样式；将表格的数据转换成簇状柱形图，插入到文档中"附：统计数据"的前面，保存文档。

三、电子表格题(共 30 分)

请在【答题】菜单下选择【进入考生文件夹】命令，并按照题目要求完成下面的操作。

注意：以下的文件必须保存在考生文件夹下。

在考生文件夹下打开工作簿 Excel.xlsx，按照要求完成下列操作并以该文件名(Excel.xlsx)保存工作簿。

某公司拟对其产品季度销售情况进行统计，打开"Excel.xlsx"文件，按以下要求操作：

(1) 分别在"一季度销售情况表""二季度销售情况表"工作表内，计算"一季度销售额"列和"二季度销售额"列内容，均为数值型，保留小数点后 0 位。

(2) 在"产品销售汇总图表"内，计算"一二季度销售总量"和"一二季度销售总额"列内容，数值型，保留小数点后 0 位；在不改变原有数据顺序的情况下，按一二季度销售总额给出销售额排名。

(3) 选择"产品销售汇总图表"内 A1:E21 单元格区域内容，建立数据透视表，行标签为产品型号，列标签为产品类别代码，求和计算一二季度销售额的总计，将表置于现工作表 G1 为起点的单元格区域内。

四、演示文稿题(共 30 分)

请在【答题】菜单下选择【进入考生文件夹】命令，并按照题目要求完成下面的操作。

注意：以下的文件必须保存在考生文件夹下。

打开考生文件夹下的演示文稿 yswg.pptx，根据考生文件夹下的文件"PPT-素材.docx"，按照下列要求完善此文稿并保存。

(1) 使文稿包含七张幻灯片，设计第一张为"标题幻灯片"版式，第二张为"仅标题"版式，第三到第六张为"两栏内容"版式，第七张为"空白"版式；所有幻灯片统一设置背景样式，要求有预设颜色。

(2) 第一张幻灯片标题为"计算机发展简史"，副标题为"计算机发展的四个阶段"；第二张幻灯片标题为"计算机发展的四个阶段"；在标题下面空自处插入 SmartArt 图形，要求含有四个文本框，在每个文本框中依次输入"第一代计算机"，……，"第四代计算机"，更改图形颜色，适当调整字体字号。

(3) 第三张至第六张幻灯片，标题内容分别为素材中各段的标题；左侧内容为各段的文字介绍，加项目符号，右侧为考生文件夹下存放相对应的图片，第六张幻灯片需插入两张图片("第四代计算机-1.jpg"在上，"第四代计算机-2.jpg"在下)；在第七张幻灯片中插入艺术字，内容为"谢谢!"。

(4) 为第一张幻灯片的副标题、第三到第六张幻灯片的图片设置动画效果，第二张幻灯片的四个文本框超链接剑相应内容幻灯片；为所有幻灯片设置切换效果。

★　部分参考答案

一、选择题

1. B【解析】栈是先进后出的原则组织数据，所以入栈最早的最后出栈，所以选择 B。

2. D【解析】循环队列有队头和队尾两个指针，但是循环队列仍是线性结构的，所以 A 错误；在循环队列中只需要队头指针与队尾两个指针来共同反映队列中元素的动态变化情况，所以 B 与 C 错误。

3. C【解析】当有序线性表为顺序存储时才能用二分法查找。可以证明的是对于长度为 n 的有序线性表，在最坏情况下，二分法查找只需要比较 log2n 次，而顺序查找需要比较 n 次。

4. A【解析】链式存储结构既可以针对线性结构也可以针对非线性结构，所以 B 与 C 错误。链式存储结构中每个结点都由数据域与指针域两部分组成，增加了存储空间，所以 D 错误。

5. D【解析】数据流图中带箭头的线段表示的是数据流，即沿箭头方向传送数据的通道，一般在旁边标注数据流名。

6. B【解析】在需求分析阶段可以使用的工具有数据流图(DFD 图)，数据字典(DD)，判定树与判定表，所以选择 B。

7. A【解析】对象有如下一些基本特点：标识唯一性、分类性、多态性、封装性、模块独立性好，所以选择 A。

8. B【解析】因为一间宿舍可以住多个学生即多个学生住在一个宿舍中，但一个学生只能住一间宿舍，所以实体宿舍和学生之间是一对多的关系。

9. C【解析】数据管理发展至今已经历了三个阶段：人工管理阶段、文件系统阶段和数据库系统阶段。其中最后一个阶段结构简单，使用方便逻辑性强物理性少，在各方面的表现都最好，一直占据数据库领域的主导地位，所以选择 C。

10. D【解析】自然连接是一种特殊的等值连接，它要求两个关系中进行比较的分量必须是相同的属性组，并且在结果中把重复的属性列去掉，所以根据 T 关系中的有序组可知 R 与 S 进行的是自然连接操作。

11. D【解析】计算机存储器中，组成一个字节的二进制位数是 B。

12. C【解析】Guest 账号即所谓的来宾帐号，它可以访问计算机，但受到限制，Guest 也为黑客入侵打开了方便之门。如果不需要用到 Guest 账号，最好禁用它。

13. C【解析】A 选项中显示器是输出设备，B 选项中绘图仪是输出设备，D 选项中打印机是输出设备，故选择 C。

14. C【解析】系统软件是指控制和协调计算机及外部设备，支持应用软件开发和运行的系统，是无需用户干预的各种程序的集合，主要功能是：调度、监控和维护计算机系统；负责管理计算机系统中各种独立的硬件，使得它们可以协调工作。A、B、D 皆是应用软件，只有 Windows Vista 是系统软件。

15. D【解析】删除偶整数后的 2 个 0 等于前面所有位都除以 4 再相加，所以是原数的 1/4。

16. B【解析】计算机硬件能直接识别、执行的语言是机器语言。机器语言是用二进制代码表示的计算机能直接识别和执行的一种机器指令的集合。

17. C【解析】控制器和运算器是计算机硬件系统的核心部件，这两部分合称中央处理器(CPU)。

18. B【解析】综合业务数字网即 Integrated Serv-ices Digital Network 简称 ISDN。选项 A 中，ADSL 是非对称数字用户环路；选项 C 中，ISP 是互联网服务提供商；选项 D 中，TCP 是传输控制协议。

19. C【解析】计算机指令通常由操作码和操作数两部分组成。

20. D【解析】收藏夹可以保存网页地址。

第二套

一、选择题(每小题 1 分。共 20 分)

1. 下列叙述中正确的是(　　)。
A. 栈是"先进先出"的线性表
B. 队列是"先进后出"的线性表
C. 循环队列是非线性结构
D. 有序线性表既可以采用顺序存储结构，也可以采用链式存储结构

2. 支持子程序调用的数据结构是(　　)。
A. 栈　　　　　　B. 树　　　　　　　　C. 队列　　　　　　　　D. 二叉树

3. 某二叉树有 5 个度为 2 的结点，则该二叉树中的叶子结点数是(　　)。
A. 10　　　　　B. 8　　　　　　　C. 6　　　　　　　　D. 4

4. 下列排序方法中，最坏情况下比较次数最少的是(　　)。
A. 冒泡排序　　　B. 简单选择排序　　　C. 直接插入排序　　　D. 堆排序

5. 软件按功能可以分为应用软件、系统软件和支撑软件(或工具软件)。下面属于应用软件的是(　　)
A. 编译程序　　　B. 操作系统　　　　C. 教务管理系统　　　D. 汇编程序

6. 下面叙述中错误的是(　　)。
A. 软件测试的目的是发现错误并改正错误
B. 对被调试的程序进行"错误定位"是程序调试的必要步骤
C. 程序调试通常也称为 Debug
D. 软件测试应严格执行测试计划，排除测试的随意性

7. 耦合性和内聚性是对模块独立性度量的两个标准。下列叙述中正确的是(　　)。

A. 提高耦合性降低内聚性有利于提高模块的独立性

B. 降低耦合性提高内聚性有利于提高模块的独立性

C. 耦合性是指一个模块内部各个元素间彼此结合的紧密程度

D. 内聚性是指模块间互相连接的紧密程度

8. 数据库应用系统中的核心问题是(　　)。

A. 数据库设计　　B. 数据库系统设计　　C. 数据库维护　　D. 数据库管理员培训

9. 有两个关系 R、S 如下：

由关系 R 通过运算得到关系 S，则所使用的运算为(　　)。

A. 选择　　　　　B. 投影　　　　　　C. 插入　　　　　D. 连接

10. 将 E-R 图转换为关系模式时，实体和联系都可以表示为(　　)。

A. 属性　　　　　B. 键　　　　　　　C. 关系　　　　　D. 域

11. 世界上公认的第一台电子计算机诞生的年代是(　　)。

A. 20 世纪 30 年代　　　　　　　　B. 20 世纪 40 年代

C. 20 世纪 80 年代　　　　　　　　D. 20 世纪 90 年代

12. 在计算机中，西文字符所采用的编码是(　　)。

A. EBCDIC 码　　B. ASCII 码　　C. 国标码　　D. BCD 码

13. 度量计算机运算速度常用的单位是(　　)。

A. MIPS　　　　　B. MHz　　　　　C. MB/s　　　　D. Mbps

14. 计算机操作系统的主要功能是(　　)。

A. 管理计算机系统的软硬件资源，以充分发挥计算机资源的效率，并为其他软件提供良好的运行环境

B. 把高级程序设计语言和汇编语言编写的程序翻译到计算机硬件可以直接执行的目标程序，为用户提供良好的软件开发环境

C. 对各类计算机文件进行有效的管理，并提交计算机硬件高效处理

D. 为用户提供方便地操作和使用计算机的方法

15. 下列关于计算机病毒的叙述中，错误的是(　　)。

A. 计算机病毒具有潜伏性

B. 计算机病毒具有传染性

C. 感染过计算机病毒的计算机具有对该病毒的免疫性

D. 计算机病毒是一个特殊的寄生程序

16. 以下关于编译程序的说法正确的是(　　)。

A. 编译程序属于计算机应用软件，所有用户都需要编译程序

B. 编译程序不会生成目标程序，而是直接执行源程序

C. 编译程序完成高级语言程序到低级语言程序的等价翻译

D. 编译程序构造比较复杂，一般不进行出错处理

17. 一个完整的计算机系统的组成部分的确切提法应该是(　　)。

A. 计算机主机、键盘、显示器和软件　　B. 计算机硬件和应用软件

C. 计算机硬件和系统软件　　　　　　　D. 计算机硬件和软件

18. 计算机网络最突出的优点是( )。

A. 资源共享和快速传输信息　　　　　B. 高精度计算和收发邮件

C. 运算速度快和快速传输信息　　　　D. 存储容量大和高精度

19. 能直接与 CPU 交换信息的存储器是( )。

A. 硬盘存储器　　　B. CD-ROM　　　C. 内存储器　　　D. U 盘存储器

20. 正确的 IP 地址是( )。

A. 202. 112. 111. 1　　　　　　　　B. 202. 2. 2. 2. 2

C. 202. 202. 1　　　　　　　　　　D. 202. 257. 14. 13

二、字处理题(共 30 分)

请在【答题】菜单下选择【进入考生文件夹】命令,并按照题目要求完成下面的操作。

注意: 以下的文件必须保存在考生文件夹下。

在考生文件夹下打开文档 WORD.DOCX。

某高校学生会计划举办一场"大学生网络创业交流会"的活动,拟邀请部分专家和老师给在校学生进行演讲。因此,校学生会外联部需制作一批邀请函,并分别递送给相关的专家和老师。

请按如下要求,完成邀请函的制作。

(1) 调整文档版面,要求页面高度 18 厘米、宽度 30 厘米,页边距(上、下)为 2 厘米,页边距(左、右)为 3 厘米。

(2) 将考生文件夹下的图片"背景图片.jpg"设置为邀请函背景。

(3) 根据"Word 一邀请函参考样式.docx"文件,调整邀请函中内容文字的字体、字号和颜色。

(4) 调整邀请函中内容文字段落对齐方式。

(5) 根据页面布局需要,调整邀请函中"大学生网络创业交流会"和"邀请函"两个段落的间距。

(6) 在"尊敬的"和"(老师)"文字之间,插入拟邀请的专家和老师姓名,拟邀请的专家和老师姓名在考生文件夹下的"通讯录.xlsx"文件中。每页邀请函中只能包含 1 位专家或老师的姓名,所有的邀请函页面请另外保存在一个名为"Word 一邀请函.docx"的文件中。

(7) 邀请函文档制作完成后,请保存"Word.docx"文件。

三、电子表格题(共 30 分)

请在【答题】菜单下选择【进入考生文件夹】命令,并按照题目要求完成下面的操作。

注意: 以下的文件必须保存在考生文件夹下。

小李今年毕业后,在一家计算机图书销售公司担任市场部助理,主要的工作职责是为部门经理提供销售信息的分析和汇总。

请你根据销售数据报表("Excel.xlsx"文件),按照如下要求完成统计和分析工作。

(1) 请对"订单明细"工作表进行格式调整,通过套用表格格式方法将所有的销售记录调整为一致的外观格式,并将"单价"列和"小计"列所包含的单元格调整为"会计专用"(人民币)数字格式。

(2) 根据图书编号，请在"订单明细"工作表的"图书名称"列中，使用 VLOOKUP 函数完成图书名称的自动填充。"图书名称"和"图书编号"的对应关系在"编号对照"工作表中。

(3) 根据图书编号，请在"订单明细"工作表的"单价"列中，使用 VLOOKUP 函数完成图书单价的自动填充。"单价"和"图书编号"的对应关系在"编号对照"工作表中。

(4) 在"订单明细"工作表的"小计"列中，计算每笔订单的销售额。

(5) 根据"订单明细"工作表中的销售数据，统计所有订单的总销售金额，并将其填写在"统计报告"工作表的 B3 单元格中。

(6) 根据"订单明细"工作表中的销售数据，统计《MS Office 高级应用》图书在 2012 年的总销售额，并将其填写在"统计报告"工作表的 B4 单元格中。

(7) 根据"订单明细"工作表中的销售数据，统计隆华书店在 2011 年第 3 季度的总销售额，并将其填写在"统计报告"工作表的 B5 单元格中。

(8) 根据"订单明细"工作表中的销售数据，统计隆华书店在 2011 年的每月平均销售额(保留 2 位小数)，并将其填写在"统计报告"工作表的 B6 单元格中。

(9) 保存"Excel.xlsx"文件。

四、演示文稿题(共 20 分)

请在【答题】菜单下选择【进入考生文件夹】命令，并按照题目要求完成下面的操作。

注意：以下的文件必须保存在考生文件夹下。

为了更好地控制教材编写的内容、质量和流程，小李负责起草了图书策划方案(请参考"图书策划方案.docx"文件)。他需要将图书策划方案 Word 文档中的内容制作为可以向教材编委会进行展示的 PowerPoint 演示文稿。

现在，请你根据图书策划方案(请参考"图书策划方案.docx"文件)中的内容，按照如下要求完成演示文稿的制作。

(1) 创建一个新演示文稿，内容需要包含"图书策划方案.docx"文件中所有讲解的要点，包括：

① 演示文稿中的内容编排，需要严格遵循 Word 文档中的内容顺序，并仅需要包含 Word 文档中应用了"标题 1""标题 2""标题 3"样式的文字内容。

② Word 文档中应用了"标题 1"样式的文字，需要成为演示文稿中每页幻灯片的标题文字。

③ Word 文档中应用了"标题 2"样式的文字，需要成为演示文稿中每页幻灯片的第一级文本内容。

④ Word 文档中应用了"标题 3"样式的文字，需要成为演示文稿中每页幻灯片的第二级文本内容。

(2) 将演示文稿中的第一页幻灯片，调整为"标题幻灯片"版式。

(3) 为演示文稿应用一个美观的主题样式。

(4) 在标题为"2012 年同类图书销量统计"的幻灯片页中，插入一个 6 行、5 列的表格，列标题分别为"图书名称""出版社""作者""定价""销量"。

(5) 在标题为"新版图书创作流程示意"的幻灯片页中，将文本框中包含的流程文字利用 SmartArt 图形展现。

(6) 在该演示文稿中创建一个演示方案，该演示方案包含第 1、2、4、7 页幻灯片，并将该演示方案命名为"放映方案 1"。

(7) 在该演示文稿中创建一个演示方案，该演示方案包含第 1、2、3、5、6 页幻灯片，并将该演示方案命名为"放映方案 2"。

(8) 保存制作完成的演示文稿，并将其命名为"PowerPoint.pptx"。

★ 部分参考答案

一、选择题

1. D【解析】栈是先进后出的线性表，所以 A 错误；队列是先进先出的线性表，所以 B 错误；循环队列是线性结构的线性表，所以 C 错误。

2. A【解析】栈支持子程序调用。栈是一种只能在一端进行插入或删除的线性表，在主程序调用子函数时要首先保存主程序当前的状态，然后转去执行子程序，最终把子程序的执行结果返回到主程序中调用子程序的位置，继续向下执行，这种调用符合栈的特点，因此本题的答案为 A。

3. C【解析】根据二叉树的基本性质 3：在任意一棵二叉树中，度为 0 的叶子结点总是比度为 2 的结点多一个，所以本题中是 5+1=6 个。

4. D【解析】冒泡排序与简单插入排序与简单选择排序法在最坏情况下均需要比较 n(n−1)/2 次，而堆排序在最坏情况下需要比较的次数是 $nlog_2n$。

5. C【解析】编译软件、操作系统、汇编程序都属于系统软件，只有 C 教务管理系统才是应用软件。

6. A【解析】软件测试的目的是为了发现错误而执行程序的过程，并不涉及改正错误，所以选项 A 错误。程序调试的基本步骤有：错误定位、修改设计和代码，以排除错误、进行回归测试，防止引进新的错误。程序调试通常称为 Debug，即排错。软件测试的基本准则有：所有测试都应追溯到需求、严格执行测试计划、排除测试的随意性、充分注意测试中的群集现象、程序员应避免检查自己的程序、穷举测试不可能、妥善保存测试计划等文件。

7. B【解析】模块独立性是指每个模块只完成系统要求的独立的子功能，并且与其他模块的联系最少且接口简单。一般较优秀的软件设计，应尽量做到高内聚、低耦合，即减弱模块之间的耦合性和提高模块内的内聚性，有利于提高模块的独立性，所以 A 错误，B 正确。耦合性是模块间互相连接的紧密程度的度量而内聚性是指一个模块内部各个元素间彼此结合的紧密程度，所以 C 与 D 错误。

8. A【解析】数据库应用系统中的核心问题是数据库的设计。

9. B【解析】投影运算是指对于关系内的域指定可引入新的运算。本题中 S 是在原有关系 R 的内部进行的，是由 R 中原有的那些域的列所组成的关系，所以选择 B。

10. C【解析】从 E-R 图到关系模式的转换是比较直接的，实体与联系都可以表示成关系，E-R 图中的属性也可以转换成关系的属性。

11. B【解析】世界上第一台现代电子计算机"电子数字积分式计算机"(ENIAC)诞生

于 1946 年 2 月 14 日即 20 世纪 40 年代的美国宾夕法尼亚大学，至今仍被人们公认。

12. B【解析】西文字符所采用的编码是 ASCⅡ码。

13. A【解析】运算速度指的是计算机每秒所能执行的指令条数，单位是 MIPS(百万条指令/秒)。

14. A【解析】操作系统作为计算机系统的资源的管理者，它的主要功能是对系统所有的软硬件资源进行合理而有效的管理和调度，提高计算机系统的整体性能。

15. C【解析】计算机病毒，是指编制者在计算机程序中插入的破坏计算机功能或者破坏数据，影响计算机使用并且能够自我复制的一组计算机指令或者程序代码，具有寄生性、破坏性、传染性、潜伏性和隐蔽性。

16. C【解析】编译程序就是把高级语言变成计算机可以识别的二进制语言，即编译程序完成高级语言程序到低级语言程序的等价翻译。

17. D【解析】一个完整的计算机系统主要由计算机硬件系统和软件系统两大部分组成。

18. A【解析】计算机网络最突出的优点是资源共享和快速传输信息。

19. C【解析】CPU 能直接访问内存，所以内存储器能直接与 CPU 交换信息。

20. A【解析】IP 地址是由四个字节组成的，习惯写法是将每个字节作为一段并以十进制数来表示，而且段问用"."分隔。每个段的十进制数范围是 0～255。

第三套

一、选择题(每小题 1 分，共 20 分)

1. 程序流程图中带有箭头的线段表示的是(   )。

A．图元关系　　　B．数据流　　　C．控制流　　　　D．调用关系

2. 结构化程序设计的基本原则不包括(   )。

A．多态性　　　　B．自顶向下　　C．模块化　　　　D．逐步求精

3. 软件设计中模块划分应遵循的准则是(   )。

A．低内聚低耦合　　　　　　　　B．高内聚低耦合

C．低内聚高耦合　　　　　　　　D．高内聚高耦合

4. 在软件开发中，需求分析阶段产生的主要文档是(   )。

A．可行性分析报告　　　　　　　B．软件需求规格说明书

C．概要设计说明书　　　　　　　D．集成测试计划

5. 算法的有穷性是指(   )。

A．算法程序的运行时间是有限的　B．算法程序所处理的数据量是有限的

C．算法程序的长度是有限的　　　D．算法只能被有限的用户使用

6. 对长度为 n 的线性表排序，在最坏情况下，比较次数不是 n(n–1)/2 的排序方法是(   )。

A．快速排序　　　B．冒泡排序　　C．直接插入排序　　D．堆排序

7. 下列关于栈的叙述正确的是(   )。

A．栈按"先进先出"组织数据　　　B．栈按"先进后出"组织数据

C．只能在栈底插入数据　　　　　D．不能删除数据

8. 在数据库设计中，将 E-R 图转换成关系数据模型的过程属于(　　)。

A．需求分析阶段　　　　　　　　B．概念设计阶段

C．逻辑设计阶段　　　　　　　　D．物理设计阶段

9. 有三个关系 R、S 和 T 如下：

R	
A	B
m	1
n	2

S	
B	C
1	3
3	5

T		
A	B	C
m	1	3

由关系 R 和 S 通过运算得到关系 T，则所使用的运算为(　　)。

A．笛卡尔积　　　B．交　　　　　C．并　　　　D．自然连接

10. 设有表示学生选课的三张表，学生 S(学号，姓名，性别，年龄，身份证号)，课程 C(课号，课名)，选课 SC(学号，课号，成绩)，则表 SC 的关键字(键或码)为(　　)。

A．课号，成绩　　　　　　　　　B．学号，成绩

C．学号，课号　　　　　　　　　D．学号，姓名，成绩

11. 世界上公认的第一台电子计算机诞生在(　　)。

A．中国　　　　　　B．美国　　　C．英国　　　D．日本

12. 下列关于 ASCII 编码的叙述中，正确的是(　　)。

A．一个字符的标准 ASCII 码占一个字节，其最高二进制位总为 1

B．所有大写英文字母的 ASCII 码值都小于小写英文字母 'a' 的 ASCII 码值

C．所有大写英文字母的 ASCII 码值都大于小写英文字母 'a' 的 ASCII 码值

D．标准 ASC II 码表有 256 个不同的字符编码

13. CPU 主要技术性能指标有(　　)。

A．字长、主频和运算速度　　　B．可靠性和精度

C．耗电量和效率　　　　　　　　D．冷却效率

14. 计算机系统软件中，最基本、最核心的软件是(　　)。

A．操作系统　　　　　　　　　　B．数据库管理系统

C．程序语言处理系统　　　　　　D．系统维护工具

15. 下列关于计算机病毒的叙述中，正确的是(　　)。

A．反病毒软件可以查、杀任何种类的病毒

B．计算机病毒是一种被破坏了的程序

C．反病毒软件必须随着新病毒的出现而升级，提高查、杀病毒的功能

D．感染过计算机病毒的计算机具有对该病毒的免疫性

16. 高级程序设计语言的特点是(　　)。

A．高级语言数据结构丰富

B．高级语言与具体的机器结构密切相关

C．高级语言接近算法语言不易掌握

D．用高级语言编写的程序计算机可立即执行

17. 计算机的系统总线是计算机各部件间传递信息的公共通道，它分(　　　)。

A. 数据总线和控制总线

B. 地址总线和数据总线

C. 数据总线、控制总线和地址总线

D. 地址总线和控制总线

18. 计算机网络最突出的优点是(　　　)。

A. 提高可靠性

B. 提高计算机的存储容量

C. 运算速度快

D. 实现资源共享和快速通信

19. 当电源关闭后，下列关于存储器的说法中，正确的是(　　　)。

A. 存储在 RAM 中的数据不会丢失

B. 存储在 ROM 中的数据不会丢失

C. 存储在 U 盘中的数据会全部丢失

D. 存储在硬盘中的数据会丢失

20. 有一域名为 bit.edu.cn，根据域名代码的规定，此域名表示(　　　)。

A. 教育机构　　　　B. 商业组织　　　　C. 军事部门　　　　D. 政府机关

二、字处理题(共 30 分)

请在【答题】菜单下选择【进入考生文件夹】命令，并按照题目要求完成下面的操作。

注意：以下的文件必须保存在考生文件夹下。

在考生文件夹下打开文档 WORD.DOCX，按照要求完成下列操作并以该文件名(WORD.DOCX)保存文档。

某高校为了使学生更好地进行职场定位和职业准备、提高就业能力，该校学工处将于 2013 年 4 月 29 日(星期五)19：30～21：30 在校国际会议中心举办题为"领慧讲堂——大学生人生规划"就业讲座，特别邀请资深媒体人、著名艺术评论家赵薹先生担任演讲嘉宾。

请根据上述活动的描述，利用 Microsoft Word 制作一份宣传海报(宣传海报的参考样式请参考"Word—海报参考样式.docx"文件)，要求如下：

(1) 调整文档版面，要求页面高度 35 厘米，页面宽度 27 厘米，页边距(上、下)为 5 厘米，页边距(左、右)为 3 厘米，并将考生文件夹下的图片"Word—海报背景图片.jpg"设置为海报背景。

(2) 根据"Word—海报参考样式.docx"文件，调整海报内容文字的字号、字体和颜色。

(3) 根据页面布局需要，调整海报内容中"报告题目""报告人""报告日期""报告时间""报告地点"信息的段落间距。

(4) 在"报告人："位置后面输入报告人姓名(赵薹)。

(5) 在"主办：校学工处"位置后另起一页，并设置第 2 页的页面纸张大小为 A4 篇幅，纸张方向设置为"横向"，页边距为"普通"页边距定义。

(6) 在新页面的"日程安排"段落下面，复制本次活动的 13 程安排表(请参考"Word—

活动日程安排.xlsx"文件),要求表格内容引用 Excel 文件中的内容,如若 Excel 文件中的内容发生变化,Word 文档中的日程安排信息随之发生变化。

(7) 在新页面的"报名流程"段落下面,利用 SmartArt,制作本次活动的报名流程(学工处报名、确认坐席、领取资料、领取门票)。

(8) 设置"报告人介绍"段落下面的文字排版布局为参考示例文件中所示的样式。

(9) 更换报告人照片为考生文件夹下的"Pic 2.jpg"照片,将该照片调整到适当位置,并不要遮挡文档中的文字内容。

(10) 保存本次活动的宣传海报设计为"WORD.DOCX"。

三、电子表格题(共 30 分)

请在【答题】菜单下选择【进入考生文件夹】命令,并按照题目要求完成下面的操作。

注意:以下的文件必须保存在考生文件夹下。

小蒋是一位中学教师,在教务处负责初一年级学生的成绩管理。由于学校地处偏远地区,缺乏必要的教学设施,只有一台配置不太高的计算机可以使用。他在这台计算机中安装了 Microsoft Office,决定通过 Excel 来管理学生成绩,以弥补学校缺少数据库管理系统的不足。现在,第一学期期末考试刚刚结束,小蒋将初一年级三个班的成绩均录入了文件名为"学生成绩单.xlsx"的 Excel 工作簿文档中。

请你根据下列要求帮助小蒋老师对该成绩单进行整理和分析。

(1) 对工作表"第一学期期末成绩"中的数据列表进行格式化操作:将第一列"学号"列设为文本,将所有成绩列设为保留两位小数的数值;适当加大行高列宽,改变字体、字号,设置对齐方式,增加适当的边框和底纹以使工作表更加美观。

(2) 利用"条件格式"功能进行下列设置:将语文、数学、英语三科中不低于 110 分的成绩所在的单元格以一种颜色填充,其他四科中高于 95 分的成绩以另一种字体颜色标出,所用颜色深浅以不遮挡数据为宜。

(3) 利用 SUM 和 AVERAGE 函数计算每一个学生的总分及平均成绩。

(4) 学号第 3、4 位代表学生所在的班级,例如:"120105"代表 l2 级 1 班 5 号。请通过函数提取每个学生所在的班级并按下列对应关系填写在"班级"列中:

"学号"的 3、4 位	对应班级
01	1 班
02	2 班
03	3 班

(5) 复制工作表"第一学期期末成绩",将副本放置到原表之后;改变该副本表标签的颜色,并重新命名,新表名需包含"分类汇总"字样。

(6) 通过分类汇总功能求出每个班各科的平均成绩,并将每组结果分页显示。

(7) 以分类汇总结果为基础,创建一个簇状柱形图,对每个班各科平均成绩进行比较,并将该图表放置在一个名为"柱状分析图"的新工作表中。

四、演示文稿题(共 20 分)

请在【答题】菜单下选择【进入考生文件夹】命令,并按照题目要求完成下面的操作。

注意：以下的文件必须保存在考生文件夹下。

文慧是新东方学校的人力资源培训讲师，负责对新人职的教师进行入职培训，其PowerPoint演示文稿的制作水平广受好评。最近，她应北京节水展馆的邀请，为展馆制作一份宣传水知识及节水工作重要性的演示文稿。

节水展馆提供的文字资料及素材在考生文件夹中，制作要求如下：

(1) 标题页包含制作单位(北京节水展馆)和日期(××××年×月×日)。

(2) 演示文稿需指定一个主题，幻灯片不少于5页，且版式不少于3种。

(3) 演示文稿中除文字外要有2张以上的图片，并有2个以上的超链接进行幻灯片之间的跳转。

(4) 动画效果要丰富，幻灯片切换效果要多样。

(5) 演示文稿播放的全程需要有背景音乐。

(6) 将制作完成的演示文稿以"水资源利用与节水.pptx"为文件名进行保存。

★ 部分参考答案

一、选择题

1. C【解析】在数据流图中，用标有名字的箭头表示数据流。在程序流程图中，用标有名字的箭头表示控制流。所以选择C。

2. A【解析】结构化程序设计的思想包括：自顶向下、逐步求精、模块化、限制使用goto语句，所以选择A。

3. B【解析】软件设计中模块划分应遵循的准则是高内聚低偶合、模块大小规模适当、模块的依赖关系适当等。模块的划分应遵循一定的要求，以保证模块划分合理，并进一步保证以此为依据开发出的软件，系统可靠性强，易于理解和维护。模块之间的耦合应尽可能的低，模块的内聚度应尽可能的高。

4. B【解析】A错误，可行性分析阶段产生可行性分析报告。C错误，概要设计说明书是总体设计阶段产生的文档。D错误，集成测试计划是在概要设计阶段编写的文档。B正确，需求规格说明书是后续工作如设计、编码等需要的重要参考文档。

5. A【解析】算法原则上能够精确地运行，而且人们用笔和纸做有限次运算后即可完成。有穷性是指算法程序的运行时间是有限的。

6. D【解析】除了堆排序算法的比较次数是$O(n\log_2 n)$，其他的都是$n(n-1)/2$。

7. B【解析】栈是按"先进后出"的原则组织数据的，数据的插入和删除都在栈顶进行操作。

8. C【解析】E-R图转换成关系模型数据则是把图形分析出来的联系反映到数据库中，即设计出表，所以属于逻辑设计阶段。

9. D【解析】自然连接是一种特殊的等值连接，它要求两个关系中进行比较的分量必须是相同的属性组，并且在结果中把重复的属性列去掉，所以B错误。笛卡尔积是用R集合中元素为第一元素，S集合中元素为第二元素构成的有序对，所以C错误。根据关系T可以很明显地看出是从关系R与关系S中取得相同的关系组的，所以取得是交运算，因此选择D。

10. C【解析】学号是学生表 S 的主键，课号是课程表 C 的主键，所以选课表 SC 的关键字就应该是与前两个表能够直接联系且能唯一定义的学号和课号，所以选择 C。

11. B【解析】1946 年 2 月 14 日，人类历史上公认的第一台现代电子计算机 ENIAC 在美国宾夕法尼亚大学诞生。

12. B【解析】国际通用的 ASCII 码为 7 位，且最高位不总为 1；所有大写字母的 ASCII 码都小于小写字母 a 的 ASCII 码；标准 ASCII 码表有 128 个不同的字符编码。

13. A【解析】CPU 的主要技术性能有字长、时钟主频、运算速度、存储容量、存取周期等。

14. A【解析】系统软件的核心是操作系统，因为计算机软件都是以操作系统为平台的。软件系统(Software Systems)是指由系统软件、支撑软件和应用软件组成的计算机软件系统，是计算机系统中由软件组成的部分，它包括操作系统、语言处理系统、数据库系统、分布式软件系统和人机交互系统等。操作系统用于管理计算机的资源和控制程序的运行。语言处理系统是用于处理软件语言等的软件，如编译程序等。数据库系统是用于支持数据管理和存取的软件，它包括数据库、数据库管理系统等。数据库是常驻在计算机系统内的一组数据，它们之间的关系用数据模式来定义，并用数据定义语言来描述；数据库管理系统是用户对数据库的抽象数据进行使用和修改的软件。

15. C【解析】选项 A 反病毒软件并不能查杀全部病毒；选项 B 计算机病毒是具有破坏性的程序；选项 D 计算机本身对计算机病毒没有免疫性。

16. A【解析】高级语言提供了丰富的数据结构和控制结构，提高了问题的表达能力，降低了程序的复杂性。

17. C【解析】系统总线上传送的信息包括数据信息、地址信息、控制信息，因此，系统总线包含有三种不同功能的总线，即数据总线 DB、地址总线和控制总线 CB。

18. D【解析】计算机网络最突出的优点是资源共享和快速传输信息。

19. B【解析】电源关闭后，存储在 RAM 中的数据会丢失，存储在 ROM 中的数据不会丢失；U 盘与硬盘都是外存储器，断电后数据不会丢失。

20. A【解析】教育机构的域名代码是 EDU。

第四套

一、选择题(每小题 1 分，共 20 分)

1. 下列数据结构中，属于非线性结构的是(　　)。

A．循环队列　　　B．带链队列　　　C．二叉树　　　D．带链栈

2. 下列数据结构中，能够按照"先进后出"原则存取数据的是(　　)。

A．循环队列　　　B．栈　　　　C．队列　　　　D．二叉树

3. 对于循环队列，下列叙述中正确的是(　　)。

A．队头指针是固定不变的

B．队头指针一定大于队尾指针

C．队头指针一定小于队尾指针

D．队头指针可以大于队尾指针，也可以小于队尾指针

4. 算法的空间复杂度是指(　　)。

A. 算法在执行过程中所需要的计算机存储空间

B. 算法所处理的数据量

C. 算法程序中的语句或指令条数

D. 算法在执行过程中所需要的临时工作单元数

5. 软件设计中划分模块的一个准则是(　　)。

A. 低内聚低耦合　　　　　　　　B. 高内聚低耦合

C. 低内聚高耦合　　　　　　　　D. 高内聚高耦合

6. 下列选项中不属于结构化程序设计原则的是(　　)。

A. 可封装　　　　B. 自顶向下　　　　C. 模块化　　　　D. 逐步求精

7. 软件详细设计生产的图如右图，该图是(　　)。

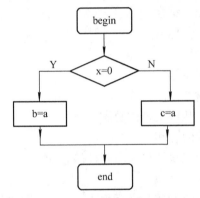

A. N-S 图　　　　B. PAD 图　　　　C. 程序流程图　　　　D. E-R 图

8. 数据库管理系统是(　　)。

A. 操作系统的一部分

B. 在操作系统支持下的系统软件

C. 一种编译系统

D. 一种操作系统

9. 在 E-R 图中，用来表示实体联系的图形是(　　)。

A. 椭圆形　　　　B. 矩形　　　　C. 菱形　　　　D. 三角形

10. 有三个关系 R、S 和 T 如下：

R

A	B	C
a	1	2
b	2	1
c	3	1

S

A	B	C
d	3	2

T

A	B	C
a	1	2
b	2	1
c	3	1
d	3	2

其中关系 T 由关系 R 和 S 通过某种操作得到，该操作为(　　)。

A. 选择　　　　B. 投影　　　　C. 交　　　　D. 并

11. 20 GB 的硬盘表示容量约为(　　)。

A．20 亿个字节

B．20 亿个二进制位

C．200 亿个字节

D．200 亿个二进制位

12. 计算机安全是指计算机资产安全，即(　　)。

A．计算机信息系统资源不受自然有害因素的威胁和危害

B．信息资源不受自然和人为有害因素的威胁和危害

C．计算机硬件系统不受人为有害因素的威胁和危害

D．计算机信息系统资源和信息资源不受自然和人为有害因素的威胁和危害

13. 下列设备组中，完全属于计算机输出设备的一组是(　　)。

A．喷墨打印机，显示器，键盘

B．激光打印机，键盘，鼠标器

C．键盘，鼠标器，扫描仪

D．打印机，绘图仪，显示器

14. 计算机软件的确切含义是(　　)。

A．计算机程序、数据与相应文档的总称

B．系统软件与应用软件的总和

C．操作系统、数据库管理软件与应用软件的总和

D．各类应用软件的总称

15. 在一个非零无符号二进制整数之后添加一个 0，则此数的值为原数的(　　)。

A．4 倍　　　B．2 倍　　　　　C．1/2 倍　　　　　D．1/4 倍

16. 用高级程序设计语言编写的程序(　　)。

A．计算机能直接执行

B．具有良好的可读性和可移植性

C．执行效率高

D．依赖于具体机器

17. 运算器的完整功能是进行(　　)。

A．逻辑运算

B．算术运算和逻辑运算

C．算术运算

D．逻辑运算和微积分运算

18. 以太网的拓扑结构是(　　)。

A．星型　　　B．总线型　　　　C．环型　　　　　D．树型

19. 组成计算机指令的两部分是(　　)。

A．数据和字符

B．操作码和地址码

C．运算符和运算数

D．运算符和运算结果

20. 上网需要在计算机上安装(　　)。

A. 数据库管理软件

B. 视频播放软件

C. 浏览器软件

D. 网络游戏软件

二、字处理题(共 30 分)

请在【答题】菜单下选择【进入考生文件夹】命令，并按照题目要求完成下面的操作。

注意：以下的文件必须都保存在考生文件夹下。

文档"北京政府统计工作年报.docx"是一篇从互联网上获取的文字资料，请打开该文档并按下列要求进行排版及保存操作：

(1) 将文档中的西文空格全部删除。

(2) 将纸张大小设为 16 开，上边距设为 3.2 厘米、下边距设为 3 厘米，左右页边距均设为 2.5 厘米。

(3) 利用素材前三行内容为文档制作一个封面页，令其独占一页(参考样例见文件"封面样例.png")。

(4) 将标题"(三)咨询情况"下用蓝色标出的段落部分转换为表格，为表格套用一种表格样式使其更加美观。基于该表格数据，在表格下方插入一个饼图，用于反映各种咨询形式所占比例，要求在饼图中仅显示百分比。

(5) 将文档中以"一、""二、"…开头的段落设为"标题 1"样式；以"(一)""(二)"…开头的段落设为"标题 2"样式；以"1、""2、"…开头的段落设为"标题 3"样式。

(6) 为正文第 2 段中用红色标出的文字"统计局队政府网站"添加超链接，链接地址为"http：//www.bjstats.gov.cn/"。同时在"统计局队政府网站"后添加脚注，内容为"http：//www.bjstats.gov.eft"。

(7) 将除封面页外的所有内容分为两栏显示，但是前述表格及相关图表仍需跨栏居中显示，无需分栏。

(8) 在封面页与正文之间插入目录，目录要求包含标题第 1～3 级及对应页号。目录单独占用一页，且无需分栏。

(9) 除封面页和目录页外，在正文页上添加页眉，内容为文档标题"北京市政府信息公开工作年度报告"和页码，要求正文页码从第 1 页开始，其中奇数页眉居右显示，页码在标题右侧，偶数页眉居左显示，页码在标题左侧。

(10) 将完成排版的分档先以原 Word 格式及文件名"北京政府统计工作年报.docx"进行保存，再另行生成一份同名的 PDF 文档进行保存。

三、电子表格题(共 30 分)

请在【答题】菜单下选择【进入考生文件夹】命令，并按照题目要求完成下面的操作。

注意：以下的文件必须都保存在考生文件夹下。

中国的人口发展形势非常严峻，为此国家统计局每 10 年进行一次全国人口普查，以掌握全国人口的增长速度及规模。按照下列要求完成对第五次、第六次人口普查数据的统计分析。

(1) 新建一个空白 Excel 文档，将工作表 Sheetl 更名为"第五次普查数据"，将工作表 Sheet2 更名为"第六次普查数据"，将该文档以"全国人口普查数据分析.xlsx"为文件名进行保存。

(2) 浏览网页文件"第五次全国人口普查公报.htm"，将其中的"2000 年第五次全国人口普查主要数据"表格导入到工作表"第五次普查数据"中；浏览网页文件"第六次全国人口普查公报.htm"，将其中的"2010 年第六次全国人口普查主要数据"表格导入到工作表"第六次普查数据"中(要求均从 A1 单元格开始导入，不得对两个工作表中的数据进行排序)。

(3) 对两个工作表中的数据区域套用合适的表格样式，要求至少四周有边框、且偶数行有底纹，并将所有人口数列的数字格式设为带千分位分隔符的整数。

(4) 将两个工作表内容合并，合并后的工作表放置在新工作表"比较数据"中(自 A1 单元格开始)，且保持最左列仍为地区名称、A1 单元格中的列标题为"地区"，对合并后的工作表适当的调整行高列宽、字体字号、边框底纹等，使其便于阅读。以"地区"为关键字对工作表"比较数据"进行升序排列。

(5) 在合并后的工作表"比较数据"中的数据区域最右边依次增加"人口增长数"和"比重变化"两列，计算这两列的值，并设置合适的格式。其中：人口增长数 = 2010 年人口数 − 2000 年人口数；比重变化 = 2010 年比重 − 2000 年比重。

(6) 打开工作簿"统计指标.xlsx"，将工作表"统计数据"插入到正在编辑的文档"全国人口普查数据分析.xlsx"中工作表"比较数据"的右侧。

(7) 在工作簿"全国人口普查数据分析.xlsx"的工作表"比较数据"中的相应单元格内填入统计结果。

(8) 基于工作表"比较数据"创建一个数据透视表，将其单独存放在一个名为"透视分析"的工作表中。透视表中要求筛选出 2010 年人口数超过 5000 万的地区及其人口数、2010 年所占比重、人口增长数，并按人口数从多到少排序。最后适当调整透视表中的数字格式。(提示：行标签为"地区"，数值项依次为 2010 年人口数、2010 年比重、人口增长数)。

四、演示文稿题(共 20 分)

请在【答题】菜单下选择【进入考生文件夹】命令，并按照题目要求完成下面的操作。

注意： 以下的文件必须都保存在考生文件夹下。

某学校初中二年级五班的物理老师要求学生两人一组制作一份物理课件。小曾与小张自愿组合，他们制作完成的第一章后三节内容见文档"第 3-5 节.pptx"，前两节内容存放在文本文件"第 1-2 节.pptx"中。小张需要按下列要求完成课件的整合制作：

(1) 为演示文稿"第 1-2 节.pptx"指定一个合适的设计主题；为演示文稿"第 3-5 节.pptx"指定另一个设计主题，两个主题应不同。

(2) 将演示文稿"第 3-5 节.pptx"和"第 1-2 节.pptx"中的所有幻灯片合并到"物理课件.pptx"中，要求所有幻灯片保留原来的格式。以后的操作均在文档"物理课件.pptx"中进行。

(3) 在"物理课件.pptx"的第 3 张幻灯片之后插入一张版式为"仅标题"的幻灯片，输入标题文字"物质的状态"，在标题下方制作一张射线列表式关系图，样例参考"关系图素材及样例.docx"，所需图片在考生文件夹中。为该关系图添加适当的动画效果，要求同一级别的内容同时出现、不同级别的内容先后出现。

(4) 在第 6 张幻灯片后插入一张版式为"标题和内容"的幻灯片，在该张幻灯片中插入与素材"蒸发和沸腾的异同点.docx"文档中所示相同的表格，并为该表格添加适当的动画效果。

(5) 将第 4 张、第 7 张幻灯片分别链接到第 3 张、第 6 张幻灯片的相关文字上。

(6) 除标题页外，为幻灯片添加编号及页脚，页脚内容为"第一章物态及其变化"。

(7) 为幻灯片设置适当的切换方式，以丰富放映效果。

参 考 文 献

[1]　李燕，罗群. 计算机应用基础项目实践. 上海：华东师范大学出版社，2016.

[2]　於文刚，刘万辉，安进. PPT 设计与制作实战教程. 北京：机械工业出版社，2017.

[3]　徐升波，骆海英. 办公自动化实训案例教程. 北京：科学出版社，2014.

[4]　李强华. 办公自动化教程. 2 版. 重庆：重庆大学出版社，2018.

[5]　熊怡. 文秘办公必备手册：中文版 Word 2010 行政. 北京：海洋出版社，2012.

[6]　刘猛. 计算机应用基础. 北京：电子工业出版社，2015.